U0382176

国家社会科学基金重大项目"生态学范式争论的哲学研究"（16ZDA112）

ECOLOGICAL REDUCTIONISM

生态学还原论研究

王翠平 著

中国社会科学出版社

图书在版编目(CIP)数据

生态学还原论研究/王翠平著. —北京：中国社会科学出版社，
2017.12
ISBN 978 - 7 - 5203 - 1846 - 4

Ⅰ.①生…　Ⅱ.①王…　Ⅲ.①生态学—研究　Ⅳ.①Q14

中国版本图书馆 CIP 数据核字(2017)第 319577 号

出 版 人　赵剑英
责任编辑　陈肖静
责任校对　李　莉
责任印制　戴　宽

出　　版　中国社会科学出版社
社　　址　北京鼓楼西大街甲 158 号
邮　　编　100720
网　　址　http://www.csspw.cn
发 行 部　010 - 84083685
门 市 部　010 - 84029450
经　　销　新华书店及其他书店

印　　刷　北京明恒达印务有限公司
装　　订　廊坊市广阳区广增装订厂
版　　次　2017 年 12 月第 1 版
印　　次　2017 年 12 月第 1 次印刷

开　　本　710×1000　1/16
印　　张　11.75
插　　页　2
字　　数　158 千字
定　　价　56.00 元

目　录

2

序　言

　　随着人类生存环境的恶化，生态问题获得日益关注。学界对生态伦理等方面做出了深入的研究，但对于生态的理论问题研究仍较为薄弱。从科学哲学的角度探讨生态学领域中所出现的问题，并以此来促进该学科的发展，进而对生态问题的解决产生现实指导意义是我多年的研究方向。结合王翠平的生物学背景，2012年她开始研究科学哲学的博士选题时，我建议她对生态学的整体论和还原论问题进行研究。很欣慰的是，她最终选择了还原论问题，并为此付出数年的心血，做出了大量有意义的探索研究，并形成了自己的学术观点和立场。该书正是基于该问题的研究积累而成的，具有理论和现实的双重意义。

　　本书基于生态学的复杂性特征，对由此所产生的整体论和还原论争论进行梳理，并侧重对还原论立场的考察。这种考察大致分为本体论、认识论和方法论三个层面。

　　对本体论意义上的考察可以回应"什么可以作为一个整体"，以及"整体和部分间的关系细节"问题，例如生态学界对"机体论"和"个体论"的争论问题，以及生态能量等的本体论地位问题等。对认识论层面的还原论的考察，不仅能够对"理论还原""术语还原"等传统还原论主题给予回应，并且能够对生态学内部的子学科理论关系、概念体系等问题给予深刻说明。其中，作为还原论的弱化趋势，如何实现解释功能的还原是这部分研究的重点，并直接指向了生态学的理论结构、功能等根本问题。此外，对"尺度""层次"的关系研究，以及"时间尺度与还原""空间尺度与还原"的研究则具有较强的方法论意义，这与当前自然科学中对该问题的密切关注是一致的。

该书的研究不仅对生态学中的还原论立场进行详细考察和论证，而且也给出了一系列问题：何谓生态学的复杂性？这种复杂性特质与尺度效应如何相关？基于这种考察，实际的生态学研究如何综合整体论和还原论两种立场？进一步地，各种语境要素如何影响了研究方法的选择？

总之，本书对生态学中的整体论和还原论进行了细致的梳理，并对相关概念作出了清晰的界定，揭示了当前生态学研究的基本立场。从这一点出发，该研究不仅丰富了科学哲学的研究内容，且对当前复杂性问题的研究具有较强的理论意义。

肖显静

2017 年 3 月

导 论

生态学:整体论?还原论?

第一节　争论缘起及演化

生态学是一门研究有机体和环境相互作用的学科。与其他自然科学学科不同的是,生态学更关注个体之上如种群、群落等层面的现象,相应的种群生态学、群落生态学、生态系统生态学等的研究尺度也较其他自然学科更大。基于这样的学科特质,有许多人认为其研究应该采取整体论(holism)的认识策略,但也有人认为应该采取还原论(reductionism)的认识策略。为了更真实地了解这一争论的起源和演化,笔者对相关文献进行了梳理。

事实上,这一争论最早可以追溯到有关群落性质的机体论学派(organism school)和个体论学派(individualistic school)之争。1916 年以植物群落的发育为主题,克莱门茨(Frederic E. Clements)提出了顶级群落的机体论概念,认为植物群落具有类似于有机体的结构和功能,群落的演替也类似于有机个体的发育。这一观点得到了菲利普斯(John Phillips)等生态学家的支持,他们被称为生态学研究中关于群落形成的机体论学派①。1917 年格里

---

① Clements Frederic E. , "Preface to Plant Succession", in David R. Keller, ed. *The Background of Ecology*, Athens and London: The University of Georgia Press, 1985, p. 35.

森（Henry A. Gleason）提出了不同的观点，认为植物群落仅仅是个体植株的简单集合，否定种间相互作用在群落构建中的作用。这一观点也得到怀特海（Robert H. Whittaker）等的支持，他们被称为关于群落形成的个体论学派①。这是生态学整体论和还原论的一种早期争论形态。

20 世纪 70 年代，一般科学哲学中对于整体论—还原论的讨论逐渐热烈而深入，生态学领域也随之就整体论和还原论展开了争论。奥德姆（Eugene P. Odum）早在 1977 年便提出生态学应采用整体论与还原论综合运用的策略②。他认为因为生态学研究尺度较大，因此除了采取还原论的认识策略外，还应该结合整体论进行综合研究。显然，奥德姆认为生态学的宏观研究尺度和整体论间存在相关性。但是，奥德姆既未给出更进一步的解释，同时他认为生态学不单单意味着对生态学自然现象的解释，也负载了很高的环境、经济、政治等社会价值，这不得不使人怀疑这是否才是奥德姆将生态学研究诉诸整体论的真正原因。

1980 年列文斯（Richard Levins）和莱万廷（Richard C. Lewontin）两位学者的 *Dialectics and reductionism in ecology* 一文对"生态学还原论"问题展开了讨论，其更关注本体论层面的生态学还原论立场。1986 年加利福尼亚大学的舒纳（Thomas W. Schoener）教授认为机制论是一种新的还原途径——将群落生态学或种群生态学的相关宏观参量还原为个体生态学的某单一或多个生理或行为的参量③。

1988 年生态学杂志 *Okios* 开辟专栏讨论生态学是更适合整

① Gleason H. A., "The Individualistic Concept of the Plant Association", in David R. Keller, ed. *The Background of Ecology*, Athens and London: The University of Georgia Press, 1985, p. 42.

② Odum E. P., "The Emergence of Ecology as a New Integrative Discipline", *Science*, Vol. 195, 1977, pp. 1289 – 1293.

③ Schoener T. W., "Mechanistic Approaches to Community Ecology: a New Reductionism?" *Am. Zool*, Vol. 26, 1986, pp. 81 – 106.

2

体论还是还原论的问题。莱勒（Craig Loehle）从一个生态学家的角度，对生态学领域可能的哲学问题进行了初步划分，并将整体论—还原论的争论研究列为重要问题之一[①]。该专栏其他文章具体涉及微生物生态学、动物生态学、群落生态学等不同子学科。其中，里迪克（William Z. Lidicker）从动物生态学的角度提出不仅应该关注系统内部的各个变量，同时应重视系统外部的情境，并认为尺度与还原论—整体论的选择问题之间并不存在逻辑关系[②]。微生物生态学家弗兰纳根（Patrick W. Flanagan）也持同样的观点，认为应将实验室研究和田野调查结合起来[③]。威尔逊（David S. Wilson）针对因概念含糊而引起的无效论争，并从进化生态学的角度对整体论进行了概念界定[④]。威格特（Richard G. Wiegert）则强调从时间和空间尺度角度来考察整体论与还原论[⑤]。雷德菲尔德（Garth W. Redfield）对 27 位生态学家进行了电话采访，其中大部分的生态学家认为生态学研究应重视"自然的情境"，但是也都认为还原论比整体论具有更强的可操作性[⑥]。

到了 20 世纪 90 年代，科学哲学领域有学者对此进行了相对深入的研究。1990 年弗瑞切特（K. S. Shrader-Frechette）对理论还原的非形式条件提出质疑，批判莱勒将"演替""多样性"等作为成熟概念进行还原的主张，同时作为不同系统分类的产物

---

① Loehle C., "Philosophical Tools: Potential Contributions to Ecology", *Oikos*, Vol. 51, 1988, pp. 97 – 104.

② William Z. Lidicker, "The Synergistic Effects of Reductionist and Holistic Approaches in Animal Ecology", *Oikos*, Vol. 53, 1988, pp. 278 – 281.

③ Patrick W. Flanagan, "Holism and Reductionism in Microbial Ecology", *Oikos*, Vol. 53, 1988, pp. 274 – 275.

④ Wilson D. S., "Holism and Reductionism in Evolutionary Ecology", *Oikos*, Vol. 53, 1988, pp. 269 – 273.

⑤ Richard G. Wiegert, "Holism and Reductionism in Ecology: Hypotheses, Scale and Systems Models", *Oikos*, Vol. 53, 1988, pp. 267 – 269.

⑥ Redfield G. W., "Holism and Reductionism in Community Ecology", *Oikos*, Vol. 53, 1988, pp. 276 – 278.

"群落""种群"无法被还原为"个体"①。1994 年尹乔思迪（Pablo Inchausti）在 *Reductionist Approaches in Community Ecology* 一文中也对此进行了系统论证，其论证基本上从内格尔的理论还原模式出发，对维姆赛特（Williams C. Wimsatt）和沙夫纳（Jonathan Schaffer）等人提出的各种修正模式进行梳理，并结合舒纳的理论成果进一步研究，认为存在强还原和弱还原的多种可能性②。1995 年贝甘迪（Donato Bergandi）认为奥德姆的整体论实际上是一种"还原论者"的整体论，实际上属于本体论上的整体论、认识论和方法论上的还原论的一种综合③。1998 年贝甘迪进一步对奥德姆的"整体论生态学"提出质疑，认为奥德姆通过对各子要素的研究来研究整体，这种整体论不过是一种"潜还原论"（crypto-reductionism）④。

总体而言，该争论前期基本呈一种二元对立的态势，这在 *Okios* 的一系列专栏文章中体现得尤为明显。后期出现了对生态学还原论单方面的深入研究，例如弗瑞切特和尹乔思迪对还原论的研究均呈现系统化和精致化趋势。即使以争论为主题进行研究的学者，也明显侧重对还原论的探讨。例如，路伊金（Rick C. Looijen）在 *Holism and reductionism in biology and ecology* 一书的十二章中，用了四个章节讨论"生态学还原论"和"整体论与还原论的综合应用"问题，五个章节讨论"生态学还原论"问题，其中有两章是讨论"整体论与还原论"的直接争论，可以说是一种在

---

① K. S. Shrader-Frechette, "Theory Reduction and Explanation in Ecology", *Oikos*, Vol. 58, 1990, pp. 109 – 114.

② Pablo Inchausti, "Reductionist Approaches in Community Ecology", *The American Naturalist*, Vol. 143, 1994, pp. 201 – 221.

③ Bergandi D., "'Reductionist Holism': an Oxymoron or a Philosophical Chimaera of EP Odum's Systems Ecology?" *Ludus Vitalis*, Vol. 3, No. 5, 1995, pp. 145 – 180.

④ Bergandi D. and Blandin P., "Holism vs. Reductionism: Do Ecosystem Ecology and Landscape Ecology Clarify the Debate?" *ActaBiotheoretica*, Vol. 46, No. 3, 1998, pp. 185 – 206.

还原论框架之下的争论研究[①]。

从相关争论可以看出，争论的主流是生态学家，少数为哲学家。参与到争论中的生态学家并没有形成一定的论战形式，也没有形成比较明显的流派，基本上都是结合自己的实际研究来阐明观点。虽然这些生态学家对整体论或者还原论的理解有着不同的偏颇，可能造成一定的误读，但是作为生态学研究者，他们显然仍然试图表达对该问题的一些思考和困惑，进而去澄清相关的一些问题。其中的一些生态学家如舒纳、尹乔思迪的论证侧重认识论层面的还原，其系统论证也展示了较高的哲学素养。因此，这些生态学家的观点对于生态学哲学相关问题的研究具有很强的实际指导意义。比较国内外相关研究，国内的生态学家对生态学哲学的相关问题较少著述。

进一步地，生态学整体论和还原论的争论成因大致有三个方面：其一，一般科学哲学领域相关争论的影响；其二，生态学宏观和微观的不同学科发展趋势的影响；其三，生态学整体论、还原论概念本身的含糊。下面进行逐一分析。

（一）从时间节点上看，生态学整体论和还原论争论紧随一般科学哲学领域中的相关讨论产生

逻辑经验主义后期，物理主义者纽拉特（Otto Neurath）和卡尔纳普（Paul R. Carnap）以物理学为基础，将心理现象还原为物理现象，试图将各种理论命题统一起来，继而将一切学科还原为物理学，即所谓统一科学运动的目标。

20世纪50年代，奎因（Willard V. O. Quine）对逻辑经验主义的两个经验教条的批判中首次提到了"还原论"这一概念，并提出整体论知识论的主张，强调知识背景的整体性[②]。可以说，还原论与整体论从一开始便是相伴而生的，是传统科学哲学的一

5

---

① Looijen R. C., *Holism and Reductionism in Biology and Ecology*, Dordrecht：Kluwer Academic Publisher, 2000, p. 22.

② 参见洪谦《论逻辑经验主义》，商务印书馆1999年版，第345页。

大争论主题。

1958 年奥本海姆 (Paul Oppenheim) 与普特南 (Hilary Putnam) 细致地刻画了还原过程,提出通过"微观还原"(micro-reduction) 的途径实现社会群体、有机体、细胞、分子、原子、基本粒子的逐级还原①。

1972 年内格尔 (Ernest Nagel) 结合非形式条件和形式条件两个方面,提出了理论还原模型,即桥接原理 (Bridge Principle)。该还原模型成为反还原论者批判的主要对象:理论还原始终无法解决术语间意义通约等难题②。

面对理论还原的逻辑难题,沙夫纳等提出一系列的修正或弱化模式。总体而言,这些弱化的趋势可以分为两大分支。

分支之一发生于生物学哲学领域内,生物学哲学家围绕着孟德尔经典遗传学还原为现代基因学说的可能性展开争论,赫尔 (David Hull)、罗森博格 (Alex Rosenberg)、索伯 (Eliot Sober) 等人纷纷加入论战,维姆赛特、沙夫纳等人由此提出各种修正模式试图对其进行弱化③④。

另一个分支出现在心灵哲学领域,以身心关系可还原性的论证为基础,金在权 (Jaegwon Kim) 提出随附性的概念对还原进行弱化⑤。两个分支的不同在于,心灵哲学领域重在对形而上层面的讨论,生物学领域重在对认识论层面的讨论。

分析生态学相关争论可见,其与生物学争论主题存在相关

① Oppenheim and Putnam, "Unity of Science As a Working Hypothesis", in Scriven G. Maxell, ed. *Minnesota Studies in the Philosophy of Science*, Vol. II, Minneapolis: University of Minnesota Press, 1958, p. 3.

② Nagel E., *The Structure of Science*, Indianapolis: Hackett Publishing Company, 1979, p. 345.

③ Wimsatt W., "Reductive Explanation: a Functional Account", *Philosophy of Science*, Vol. 70, 1974, pp. 671 – 710.

④ Schaffner K., "Approaches to Reduction", *Philosophy of Science*, Vol. 34, No. 2, 1967, pp. 137 – 147.

⑤ Kim J., "The Myth of Nonreductive Materialism", *Contemporary Materialism*, Vol. 63, No. 3, 1989, p. 138.

性，可视为后者的进一步延伸。20世纪70年代起，生态学领域开始关注还原论问题，并于20世纪90年代有学者进行了相对系统的分析。从时间节点而言，这可能受科学哲学、生物学哲学相关论题讨论的影响。

（二）生态学领域中整体论和还原论的争论产生受到该学科自身发展的影响

在生态学发展早期，机体论—个体论争论为整体论—还原论争论的雏形。随着生态学朝着宏观和微观两个不同的方向发展，选择整体论还是还原论的立场将直接影响学科的总体研究策略。从学科发展脉络上来看，生态学的发展正逐渐呈现两极趋势：方面，自从20世纪60年代始，生态系统生态学、景观生态学等大尺度生态学子学科开始快速发展；另一方面，在吸收了个体生物学的相关理论和方法之后，生态学在植物生理生态学、动物生理生态学等小尺度领域内的研究也在不断深入。在这样一种学科发展的背景之下，生态学家将面临更多可能的选择。如果说生态学的发展的确引起了还原论与整体论争论的话，那么显然有部分生态学家将整体论和大尺度学科、还原论和小尺度学科之间建立了某种关联，或者说是一种经验预设，并由此产生了争论。奥德姆的观点便印证了这一点：他明确表明系统生物学等大尺度学科研究更应采取整体论的策略，并认为如果生态学家过于依赖低层次对高层次的解释作用，那么将很难真正解决大尺度领域内的问题。对于他的这种观点，实际上有两个层面的问题值得探讨，其一是研究尺度和整体论之间是否存在必然关系的问题；其二是他提出的黑箱策略（black-box）是否真正归属于整体论的问题。因此，生态学学科的多元发展趋势在一定程度上促成了整体论和还原论的争论形成及演化。

（三）从整体论和还原论的争论中，可以看出对一些核心概念存在不同的语义解读

以还原论为例，在奥德姆这里还原是指"通过对组成部分的

7

研究来理解某现象"；在舒纳这里还原是指"运用较低层次术语来解释较高层次现象"；贝甘迪则延续了阿亚拉（Francisco J. Ayala）对还原论的本体论（ontology）、认识论（epistemology）、方法论（methodology）三个层面的界定；威尔逊对生态学整体论进行了澄清，将其分为机制论整体论、描述性整体论和形而上整体论三种。总之，争论双方对于"何为整体论""何为还原论"存在诸多争议，各自辩护和批判的是何种意义上的整体论和还原论并不一致；另外，这也反映出争论双方论证的出发点和研究进路，从而也就间接地指出了整体论或者还原论不同的适用范围。

通过以上对争论起因的分析可以发现，澄清生态学整体论及还原论的含义对解决两者的争论具有重要意义，也为当前的生态学研究提供更恰当的指导。那么，如果进一步研究的话，生态学整体论与还原论相比较，哪一主题更具研究价值呢？这仍需要从二者的争论入手。

统观生态学整体论者和还原论者的争论，持整体论的一方并没有提出相对有效的认识策略。目前生态学整体论者所采取的主要研究方法有数学建模和黑箱策略等。数学建模是一种典型的生态学研究方法。基于一定的经验判断，研究者结合某些已经确立的理论，对各个变量之间的关系构建假说，并以大规模数据的统计为基础，进行验证和筛选，并建立模型。由于变量的选择往往出于经验假设，其并不能保证假说本身的有效性和预测结果的合理性。以生态学中的种间竞争模型（lotka-volterra model）为例，这一模型便常常与实际研究结果相悖。生态学中大量无效假说及无效模型的存在，某种程度上体现了整体论在方法论层面上的局限。

此外，奥德姆所提出的黑箱策略是通过系统的输入和输出来对系统进行预测，但是要实现较好的预测，也必须对内部机制有深入理解，而这种理解则需要借助于还原论的方法指导。

生态学整体论除了上述局限性之外，还面临着可操作性不强等缺点。对于有些生态学家而言，"整体论"便意味着将系统的所有影响因素或者变量考虑进来,从而对整体做出解释。这种观点的问题在于并没有有效的方法可以将所有的要素综合起来,大多数情况下也没有必要考虑到所有的要素。有些生态学家认为生态学整体论意味着将所研究的问题置于一定的"情境"之中综合考察,那么这就不仅需要考量系统的时间、空间、对象等变化要素的影响,也要考虑经济、政治等社会情境要素的影响。对于当前的生态学研究而言,这显然无法实现。

整体论和还原论二者相比较,还原论具有更强的可操作性,因此选择对还原论进行研究将对生态学的发展提供实际的指导。生态学还原论所涉及的问题可能有很多,而有研究价值的问题还需要进行提炼。进一步地,从整体论—还原论的争论角度分析,整体论者所批判的实际是还原论中的"强还原论"(strong reductionism),这涉及还原论的应用范围和界限,而索恩利(James H. Thornley)等认为生态学的"过度还原"(over-reduction)问题已经影响到了生态学的学科发展[1]。同时,争论的双方也都承认还原并非目的,不能为了还原而还原,即还原论应该仅仅是一种解释工具。在这样一种争论的背景之下,问题最终可以转换为:生态学如何还原?以及能否还原?

那么,这里牵涉到一个还原概念的澄清问题。首先需要明确的是,因为"生态学还原论"实际上是一种哲学立场,所以研究的主旨便是通过案例分析,揭示实际研究中的生态学还原论的样态。这个问题可以说是"生态学还原论"的方法论问题,但却并非是一个生态学的方法论问题。其次需要明确的是,对于生态学还原论而言,其还原的目的仅仅是为了促进生态学解释,而并非为了"科学的统一"。那么,就此而言,生态学还原论与生态学的解释问题具有密不可分的联系。

通过对生态学还原论的研究,将对以下几个领域产生积极意

9

---

① 参见 Loehle C.,"Philosophical Tools:Potential Contributions to Ecology",*Oikos*,Vol. 51,1988,pp. 97 – 104。

义。首先，生态学研究领域中，通过对还原论的系统研究，将对生态学具体研究应如何采取立场提供指导和借鉴；其次，生态学哲学领域中，鉴于原有还原论的概念比较含糊，相关观点缺乏系统深入论证，对还原论的讨论可以促进生态学还原论研究的系统化，相关概念明晰化，并进而推进生态学哲学的研究；再次，一般科学哲学领域中，经典还原论关注较多的是物理学或生物学中的还原问题，对生态学还原论的相关研究将丰富传统还原论的内涵，并由此促进其完善和发展。

本研究的创新之处在于该问题的研究国外并不系统，国内尚未见相关研究。从内容上看，该主题的研究不仅可以系统梳理相关理论研究成果，更重要的是通过对本体论、认识论和方法论还原论等概念的辨析，可以有效给出生态学还原论的研究框架，同时为还原论在各分支学科的应用提供哲学理论基础。

第二节　生态学"还原论"问题的研究现状

为了解这部分的研究现状，对相关文献进行梳理和分析，并将其分为直接相关和间接相关两类资料，这里仅对其中的直接相关资料做一简单分析。

福特（David Ford）认为生态学的还原可以分为"完整系统还原"（complete system reduction）和"部分的还原"（partitioning reduction）两种①。仔细分析发现"完整系统还原"和"部分的还原"存在问题：两者内涵的不对称使得其争论变得无效，除非对其中的一方重新进行定义。虽然福特对两种还原的阐释不够明确，但他运用了许多的案例支撑其观点，对案例的具体分析使得其观点具有了某种方法论意义。福特对还原的区分和一般科学哲

10

---

① 转引自［美］大卫·福特《生态学研究的科学方法》，肖显静等译，中国环境科学出版社2012年版，第218页。

学中强还原与弱还原（weak reductionism）的区分不谋而合，也反映了一种弱化的趋势。

路伊金认为还原可以分为"激进的还原"（radical reduction）和"温和的还原"（moderate reduction）两种，其中前者指本体论、认识论、方法论三个层面均还原，后者指三个层面进行的不完全还原。这种温和还原实则是多层面的一种综合弱化策略。他本人更支持本体论整体论、认识论还原论和方法论多元论的这一温和还原论，并对温和还原做了细致的论证。其中，认识论层面的还原论成为主要的讨论对象，进一步地，他对术语还原和理论还原进行了严密的论证，认为理论还原实际上是通过微向还原实现的。

杜普雷（John Dupre）对内格尔将还原分为异质还原（heterogeneous reduction）和同质还原（homogeneous reduction）提出了质疑①。他认为这样一种划分是不合理的，并提出应当从时间维度即共时性和历时性两个角度来考察可还原性。同质还原和异质还原的划分是建立在对学科"基质"的明确界定之上，而共时还原和历时还原是从学科发展的时间维度上的划分。

尹乔思迪在对生态位理论进行分析的基础上，提出理论之间的还原是一种演替还原，呈现出一种时间维度。从时间维度来考察还原的有效性，在一定程度上更能体现对还原的"描述"，从而避免了对理论或学科之间还原的"建构"。从时间维度来考察还原，也可以反映不同子学科之间、不同理论之间的关系特征。这样一种刻画方式面临的问题涉及共时还原和历时还原如何契合生态学学科的进步，不同的还原方式能够呈现生态学知识的稳定增长吗，不同阶段的理论间、学科间如何沟通等一系列问题。这样一种以时间为维度进行还原的方式最终不免会面临反身性等难题。

国内直接研究文献未见，间接相关的文献仅 2012 年李际对此

11

---

① John Dupre, *The Disorder of Things：Metaphysical Foundations of the Disunity of Science*, Boston：Harvard University Press, 1993, p. 45.

问题曾有相关论述。他在对生态学中还原论进行辩护的基础之上，也指出生态学中有效运用还原论应明确还原的不同程度。

综上所述，这些研究基本揭示了生态学还原论的各种主要问题，这直接有利于本书研究内容及框架的确定。例如，这些研究基本上是遵循着本体论、认识论、方法论三个层面的框架展开的，其中以认识论层面研究最为深入。但是认识论层面的还原则多以科学哲学中的经典还原论，即由普特南、内格尔等人所提出的理论还原为基础。这些文献均反映了对经典还原论的一种弱化，但这种弱化可能面临一些问题，例如强还原与弱还原的生态学应用域有何不同？弱化还原的边界因素有哪些？如何弱化还原？正如沙夫纳提出"演替"还原后又遇到"强类似"关系如何界定的问题一样，生态学中弱化还原的种种策略也必将遇到一系列难题，这需要研究者始终保持一种"描述"还原，而非"建构"还原的清醒意识。

当然，这些研究也存在许多有待深入的地方，这也给进一步的研究提供了研究线索和空间。同时，以上这些研究大多缺乏系统和深入的论证；生态学还原论和生态学研究紧密相关，但是现有的资料大多缺乏案例支撑，这在一定程度上使得关于此主题的研究容易脱离学科研究的情境；分析相关文献发现，对生态学中各子学科的还原论更是少有研究。因此，对生态学还原论的研究在相关文献的支撑下，采用概念辨析、逻辑论证和实际研究案例分析的方法，从而构建一个相对系统的哲学论题体系是可行的。

12

第三节　研究范围的界定及各个子问题间关系的处理

以生态学还原论为研究主题，来确定研究范围需要处理好以下几个层次的关系。

　　第一，还原论的问题与整体论—还原论的争论问题。由于本研究是基于争论问题之上对还原论的研究，其虽然不可避免要在还原论和整体论之间找到一个支点，但是这也仅仅是一个研究的出发点。如果以整体论和还原论为内容进行还原论的主题讨论显然是不适当的。

　　第二，生态学还原论这一题目包含了几个子关系：生态学还原论与经典还原论，生态学与生态学还原论。其中生态学还原论与经典还原论指向了不同的学科基质，而生态学与生态学还原论则指向了还原论的各种情境要素。因为生态学与物理学、化学、个体生物学的学科特征不尽相同，但由于笔者将研究划定在生态学框架之下，因此生态学还原论和经典还原论的关系问题并非讨论的重点。由于本研究是以生态学为范本进行的讨论，那么生态学与生态学还原论之间的关系问题将成为研究的重点。另外，还原论多以本体论、认识论和方法论三个层面进行划分，因此对生态学还原论的讨论也大致遵循这样一个框架，同时也应结合实际研究中的生态学研究对象、解释和方法等几个方面来剖析。

　　第三，本体论、认识论和方法论三个层次的关系。无论是传统科学哲学还是生态学哲学都对认识论层面进行了较广泛的讨论，相对其他两个层面而言，这一方面的资料也更为丰富，因此本研究也对认识论层面给予相当的重视。由于生态学家比较侧重还原论在方法论层面的有效性，方法论层面还原论的讨论将直接影响生态学研究本身，因此方法论层面的还原论也不容忽视。相对其他两个层面而言，本体论还原在传统科学哲学及生态学哲学中的讨论不多。传统还原论出现了形而上的转向之后，心灵哲学领域以心身关系为还原对象对此展开了激烈的争论，并有着丰富的理论成果。生态学主要以研究有机体和环境的关系为研究对象，这样一种关系的可还原性的研究将直接影响生态学研究方法的选择，因此本研究关注这一关系的可还原性问题。

　　生态学还原论这一核心研究主题可能涉及一系列的子问题。

13

这些问题实际上涉及能否被还原、还原为什么、如何还原三个层面的问题。其中，能否被还原的问题一方面指向形而上层面，例如有机体和环境的关系能否被还原；另一方面指向实际的还原过程，如果能够还原，那么是一种什么意义上的还原？还原为什么的问题则指涉还原的边界和条件，即能够还原为什么和应该还原为什么的问题。

这一系列的问题其中有些问题是可以通过研究得以解决，比如能否被还原的问题，如果对还原进行清晰界定，那么这一问题是可以得到很好回应的。也就是说，有些问题的产生是由于概念混淆等原因导致的，那么通过概念辨析便容易得以厘清。另外，例如还原为什么的问题需要和生态学的实际研究联系起来，各种边界条件或者情境要素决定了还原的结果，而借此也可以对生态学是否存在过度还原问题进行澄清。这些都属于通过剖析可以予以解决的问题，但另外有些问题是还原论自身的局限性导致的，这类问题的解决存在一定的难度。例如理论还原似乎无法通过严格的逻辑推导来完成，而只能借助于一些弱化或者修正的方案来实现。

第四节　本书的研究内容及其概览

14

生态学还原论研究的核心问题是还原论的界限和范围问题。如果要对生态学还原论的有效范围和界限进行清晰界定，首先需要对生态学还原论进行语义分析。一般科学哲学和生态学哲学中，还原论并没有形成统一的定义，而只是根据不同的分类标准呈现为不同形式的还原论。在这种情况下研究还原论的界限和范围，首先需要明确的一个问题是生态学还原论是何种意义上的还原论？结合目前生态学的研究趋势，笔者认为采取一种强还原和弱还原的区分是有必要的。这一方面是因为反对还原论者更多质疑强还原而非弱还原;另一方面还原论自身的研究也明显呈弱化趋势。

在对生态学中的强还原和弱还原做出界定前,首先对传统科学哲学中还原论的强弱关系进行一番梳理和相应的论证。在此基础之上,再进一步考察生态学中的强还原和弱还原。实际上在传统科学哲学的框架之下,还原论已经有了强弱之分。

例如,罗斯曼(Stephen Rothman)曾将还原论分为强微观还原和弱微观还原,强微观还原指的是将高层实体或理论还原为基本粒子或其相关理论,而弱微观还原则不要求还原至基本粒子,而是根据解释的需要而还原至相关的层面①。

仔细分析发现,这里的强弱微观还原体现在两个层面:一个是本体论层面,强调实体能否被还原为基本粒子;另一个是认识论层面,强调是否有必要通过基本粒子层面的理论来解释高层的理论。从逻辑推导的严格性来考察认识论层面的各种还原方案,内格尔的桥接原理本质上是一种强还原论,强调术语与术语之间、理论和理论之间的一种强的逻辑推导关系。沙夫纳和维姆赛特等人对桥接原理的各种修正,如解释还原(explantional reduction)、演替还原(successional reduction)等,不再要求理论间的严格逻辑导出关系,属于弱还原。因此,对生态学还原论相应也可以做出强还原和弱还原的区分。但这并非是一种二元对立的划分,而只是希望通过论证和剖析使还原论本身的含义更加明晰,从而避免一些歧义的产生,同时也无意由此对还原论所面临的诸多难题一一提出解决方案,例如当物质是否无限可分这一问题仍未解决时便贸然拒斥强还原或者弱还原显然是不恰当的。通过对强还原和弱还原的区分,生态学还原论的含义将更加明晰和丰富。只有对还原论本身有了更清晰的认识之后,回过头来审视还原论所受到的相关质疑,才可以对生态学还原论是否有效,以及

15

------

① 〔美〕斯蒂芬·罗斯曼:《还原论的局限》,李创同等译,上海译文出版社2006年版,第35—39页。

如何有效进行还原等问题做出更好的解答。

实际上在生态学中，本体论、认识论和方法论三个层面是相互关联的。不同的解释情境，三个层面呈现出的还原样态也不尽相同。实际的研究不可能单独呈现某个层面的单一还原样态，而是呈现出一种综合还原的样态，对生态学还原论的深入理解需要将三个层面综合起来进行分析。路伊金认为生态学还原论三个层面存在不同程度的综合还原，他本人更倾向于本体论整体论、认识论还原论、方法论整体论这样的一种温和还原论策略。贝甘迪等也给出了不同的综合还原的方案，其原因需要进一步分析。本部分的研究在导师肖显静教授的指导下，将这种综合的还原样态分为激进的还原和温和的还原两大类。

那么，强—弱还原与激进—温和还原之间是什么关系呢？笔者认为前者关注的是单一层面的还原，后者关注的是多层面的综合还原。两个部分的侧重点有所不同，强—弱还原关注某单一层面内部的还原有效性问题，激进—温和还原关注的是如何将不同层面有效综合进行还原的问题。可以说，强还原论是一种狭义上的激进还原论，弱还原论是一种狭义上的温和还原论。

因此，在对单一层面还原论的样态分析的基础之上，对生态学研究中所呈现出的复杂多样的还原样态需要处理好三个层面的关系问题，并从中寻找为什么有些研究呈现出激进还原的综合样态，有些研究呈现较为温和的综合样态。可以说，无论是从"单一层面"还是"综合样态"来讨论生态学中的还原论样态，均是对生态学还原论是什么的解读，这个可以视为本文研究的第一大部分。

16

在对还原论的含义进行剖析之后，笔者试着从不同的层面来考察生态学还原论的可能。在传统科学哲学和生物学哲学中，对认识论层面的还原论讨论最为深入。生态学哲学中还原论的相关争论和研究也主要集中在认识论层面，相应地本研究将首先对认识论层面的还原论问题进行分析。由于本体论层面和认识论层面往往交织在一起，本体论还原论是讨论的另一主题。最后，希望基于生态学的实际研究情境进行方法论层面的探析。由于各个层面并非截然分明，例如术语还原虽然被视为是认识论还原论的问题，但术语的还原必然涉及术语背后所指涉的对象问题，因此该问题也反映了本体论层面还原的样态。

　　笔者一方面试图通过语言分析的方法来对强还原面临的质疑进行解答；另一方面对各种弱化形式进行分析。但是经典还原论是以物理学为基础，其还原模式是否适用于生态学尚有待论证。也许可以对生态学中一些经典术语和理论进行还原分析。生态学还原论往往以"生态系统""群落""种群"等为讨论对象，但由于生态学是一门研究有机体和环境相互作用的学科，能通过对各种"相互作用"的分析来进行还原有效性的论证。最终通过对认识论层面还原论的分析，以期得出"解释的还原"，而非"演绎的还原"的结论。也就是说，解释的有效性成为还原论的应用准则。这部分同样需要对生态学的解释特征进行分析，并在此基础上确定还原论的有效性及有效范围。这一部分可能出现的质疑是，将生态学还原置于一定的解释情境中是否会构成一定程度的"相对主义"，进而无法保证知识的客观性基础。

　　生态学的研究对象不仅仅是个体、种群、群落及生态系统等，更重要的是有机体和环境的相互作用。实际上，个体、种群、群落等生态学实体的背后也正是这种相互作用。

　　从本体论的角度上来说，生态学还原论的核心问题是有机体和环境的相互作用能否被最终还原，这里的环境既包含有机环境，也包括无机环境。对此问题的有效研究将直接对生态学的研究方法和理论发展产生影响。如果有机体和环境之间的相互作用被认为是不能最终还原为某基本粒子或关系的话，那么生态学的理论和研究均大可不必坚持下向因果的追溯。反之，如果这种相互作用最终是可还原的，那么生态学的发展方向显然和物理、化学等学科是一致的。另外，形而上还原论关注的是应该还原为什

17

么的问题，生态学还原论研究主要讨论的是生态学的实体、理论、方法能够还原为什么的问题，前者为后者提供辩护的基础，后者是前者的进一步体现。因此，无论从生态学还原论的研究还是生态学实际的研究发展考虑，生态学中的形而上问题都具有较高的研究价值。

一般科学哲学中，形而上还原论的讨论以心灵哲学领域最为深入。以普特南提出多重可实现性论题为开端，许多学者对身—心关系能否被还原展开了激烈的争论。相对而言，生态学还原论框架下有机体—环境的关系问题尚未得到足够的关注。在对有机体和环境的关系进行分析之后，笔者希望从因果还原（causual reduction）和功能还原（fuctional reduction）两个角度来进行研究。其中的因果还原一方面主要追溯上向因果关系，也对进化、适应、自然选择等现象中的上向因果作用给予关注；另一方面可能从功能主义还原、先验还原论、本体还原论等不同角度分析。最后，考察生态学中有机体—环境的属性之间是否也存在"多重可实现性"问题（the multiple realization argument），并借鉴心灵哲学中的相关理论成果：物理因果闭合论证，解释排他性论证，物理构成论证和神秘关联论证，结合生态学的实际进行可还原性论证的探讨。由于生态学哲学领域中生态学形而上问题尚未引起足够关注，相关文献资料并不够翔实，相关的研究也仅仅处于一种初步探讨阶段，这是本研究的一个局限，相信也是一个创新点。

方法论层面，通常人们会认为生态学应该持一种整体论的研究立场，这一观点实则包含了许多的经验判断：

（1）对有机体和环境的复杂的、多样的相互作用应该通过整体论的方式来解释；

（2）对于宏观尺度如生态系统生态学的研究应采取整体论路径，对于微观层面如基因生物学的研究应采取还原论路径；

（3）有机体和环境的相互作用是无法还原的。

仔细分析，这些判断又相应地引出一些问题：

18

（1）复杂、多样的生态现象无法被还原，是现实的困难，还是逻辑上的困难？

（2）生态学研究尺度的大小和还原与否存在必然关系吗？

（3）假如对各部分进行足够彻底的研究，最终能否实现对环境和有机体相互作用的认识？

这样一些问题的存在说明尺度问题和还原论问题的紧密关联，因此在方法论层面的还原应重点考察尺度问题，这也正是生态学家的一个热点研究问题。在科学哲学中，还原一般和"层次"联系在一起。但在生态学中，路伊金等人对层次的合理性提出了质疑。因此在分析尺度问题之前，有必要对层次和还原，以及层次和尺度二者关系进行分析，进而探讨尺度和还原的关系问题。这部分可通过对象尺度、空间尺度和时间尺度三个角度来对各学科的还原问题进行分析。

根据已有文献，不同的子学科并不一定采取不同的还原策略。例如，研究尺度较小的学科，如微观生态学、动物生理生态学等并非一定采取还原论的策略，而景观生态学和生态系统生态学等大尺度生态学研究也多采取还原论的研究策略。从对象尺度来看，生态学可以分为个体生态学、种群生态学、群落生态学和生态系统生态学等子学科，相应地这些不同对象尺度学科的还原策略可能存在不同，进而需要分析这些不同的还原策略和尺度之间的关系。例如，这些不同对象尺度的生态学研究之间存在哪些共性，这些统一的还原策略是由哪些要素所决定的。从空间尺度来看，生态学可以分为海洋生态学、陆地生态学、森林生态学等，这些学科研究方法的还原也同样面临上述问题。对于时间尺度而言，主要考虑进化生态学和其他生态学之间的差异，从而来考察时间参量对学科研究方法的影响。其中，对象尺度实际上可以划归为空间尺度，但由于作为被研究主体的重要性因此单独列出讨论。最终，通过对空间尺度和时间尺度的同质性与异质性等的分析，抽提出其中不同的还原要素。

19

结合之前所进行的文献梳理和分析工作，希望能通过研究阐明以下两点。

第一点，解释的还原，而非演绎的还原。还原论在后期遭遇到了不少的质疑，这些质疑大多来自于还原中的逻辑困境。要摆脱这种逻辑困境，首先需要将还原论从"统一的科学"（unity of science）或者"终极理论之梦"（dreams of a final theory）的工具角色中释放出来①。还原的最终目的是为了有效沟通不同的学科和理论，是在不同的理论和术语之间起到翻译和解释的功能。这一种学科和理论间的沟通并非逻辑演绎的结果，而是学科自然而然的发展结果，或者说逻辑演绎并不能很好地起到沟通和解释的作用。当这种逻辑的还原并不能有效地实现学科和理论沟通的目的时，就表明应该从其他途径寻找还原的可能。

第二点，描述的还原，而非建构的还原。还原本身不是目的，还原是为了更有效地沟通不同的学科和理论。对于已经呈现融合状态的学科和理论，我们可以通过对其中沟通细节的研究和描述来理解还原的途径。但是，从来没有哪一门学科是通过建构性还原来实现与另一门学科的沟通的。对还原论的争论和辩护，使得研究者易于从对还原的描述沦为对还原的建构。

本书的研究基于两个方面，一方面是传统科学哲学中还原论的相关理论成果；另一方面是生态学的实际研究及理论发展。通过研究，希望最终形成一个较为严密的生态学还原论的哲学论题体系；对生态学形而上还原论进行初步界定，对其中可能遇到的问题进行论证。

---

① 转引自刘明海《还原论研究》，博士学位论文，华中科技大学，2008年，第71页。

第一章

何谓"生态学还原论"?

本章首先对生态学还原论的概念做一澄清。首先，还原论的思想可以追溯至古希腊时期，从德谟克利特等人的原子论等开始，便体现了一种朴素的还原论思想。但是，作为一个哲学主题，"还原论"的研究则始于奎因。

一般科学哲学中，"还原论"概念有多重定义及分类，例如：

1974 年阿亚拉将还原论划分为本体论还原、认识论还原和方法论还原[①]；

1982 年恩斯特·迈尔（Ernst Mayr）从生物学哲学的角度将还原论划分为组成性还原、解释性还原和学说（理论）还原论[②]；

1992 年希尔（John Seale）将还原论划分为五种：本体论还原、属性本体论还原、理论还原、定义还原与因果还原[③]；

2000 年琼斯（Richard H. Jones）将还原论分为：实体还原论、结构还原论、理论还原论、概念还原论与方法还原[④]；

---

① Ayala F. , "Introduction", in F. Ayala and T. Dobzhansky, eds. *Studies in the Philosophy of the Biology*：*Reduction and Related Problems*, Berkeley：University of California Press, 1974, pp. vi – xvi.

② ［美］恩斯特·迈尔：《生物学哲学》，涂长晟等译，辽宁教育出版社 2006 年版，第 11 页。

③ 转引自刘明海《还原论研究》，博士学位论文，华中科技大学，2008 年，第 27 页。

④ 同上书，第 28 页。

综上所述，目前还原论的研究大致统一为本体论、认识论和方法论三个层面的框架，生态学还原论的主题研究也多按照此框架展开。接下来对此逐一进行分析。

第一节 本体论层面：还原什么或者何者被还原

一 一般科学哲学领域的还原对象

20 世纪 70 年代，科学哲学领域尤其是生物学哲学领域涌现出对还原论研究的热潮。许多科学哲学家或自然科学家一致认为"还原论"含义模糊，需要对其进行分类阐明。

其中，赫尔对还原论进行的分类中物理还原更具本体论意蕴；阿亚拉明确认为本体论还原论是指生命现象中的物理、化学的实体与过程的还原。迈尔的组成性还原指向了生物有机体的物质组成、生物界的事态与过程。以上这些关于还原论的不同观点中，物理还原、组成性还原、本体论还原、属性还原、实体还原、结构还原等均属于本体论层面的还原。各种不同的本体论还原论指涉不同对象的还原，笔者认为大致可以归为两类：第一类是实体、过程还原；第二类是属性还原。

第一类还原中，实体还原往往与对象的空间结构或尺度有关。根据不同的空间结构或尺度，实体被划归为不同的层次。例如，奥本海姆和普特南在 *Unity of Science As a Working Hypothesis* 一文中，曾将世界从上而下分为社会群体、有机体、细胞、分子、原子、基本粒子六个层次。这种层次论是以实体的组织水平和空间尺度为标准进行划分。实体还原以不同的层次为基础，将高层次实体还原为低层次实体。还原论研究中，所谓的"整体"（whole）与"部分"（part）等也多指向实体还原。这种层级论遭到了许多质疑，例如，细胞并不是由细胞器单一地构成，还包括细胞膜、一些小分子等；生物进化、群落演替等现象无法用层级理论来解释等。

第一类还原中，过程还原与对象的时间结构和尺度有关。一般科学哲学更关注静态的、实体的还原，对于不同时间序列对象的还原关注度不高。随着科学的不断发展，各个学科领域都意识到时间要素所产生的影响。

第二类还原中，属性还原属于形而上层面，主要关注不同的属性簇之间如何实现还原。目前，对属性还原的讨论主要集中在心灵哲学领域中。对于心理属性和物理属性之间的可还原性，普特南提出了心理状态可多样实现于物理材料的"多重可实现性"论题。这一问题对心身属性的可还原性提出了挑战。随后，金在权通过"随附性关系"为心身属性的可还原性留下了余地。不同属性间的因果关系通过将属性功能化而获得解释。

另外，有些学者例如考塞（Robert Causey）等认为术语还原是本体论层面的问题，也有路伊金等对此持不同的意见。笔者认为术语还原涉及本体论和认识论两个层面的还原。以群落的还原为例，当谈论群落还原的问题时，一方面群落所指涉的实体往往指向群落这个类，而非某单一具体的群落。既然其指向的是某一类，那么就涉及类的实在性问题；另一方面，当谈论群落的还原时，由于语言的附载，类的实在性问题又转换为理论术语的实在性问题，即理论术语的指称问题。可以说，术语还原（reduction of terms）是沟通本体论和认识论两个层面还原的桥梁。为了区分开术语还原和术语指涉对象的还原，笔者倾向于将术语还原划归为认识论层面的还原。

23

二 生态学的本体论考察

一般科学哲学中，本体论层面的还原常常以实体、过程及属性为对象。生态学本体论层面的还原也涉及不同对象的还原。

生态学领域，福特在 *Scientific Mehtod for Ecological Research* 一书中，将生态学研究对象分为三类①：

（1）自然概念（natural concepts）：生态学世界中可测量的或可观察的实体或者事件，这些实体或事件的主要特征是可观测性，例如生物体、降雨等；

（2）功能概念（functional concepts）：自然概念的性质，或者表达了两个或两个以上自然概念之间的关系，例如迁徙、光合作用等；

（3）综合概念（Integrative concepts）：生态系统的组织或性质的理论构建，例如多生态系统、多样性、恢复力等。

这种分类的依据是实体、事件或者性质的可观测性。可观测性高的被归为自然概念，抽象程度高的则被归为综合概念。但是，这样的分类方法可能导致的问题有很多，例如将生态系统归为综合概念将引起生态系统实在性的争论问题。从本体论角度而言，这些对象可以抽提为实体、事件、相互作用、性质、组织几类。这几大类的研究对象是否可以整合在一起则需要进一步考察。

此外，牛翠娟等在《基础生态学》一书中指出生态学的研究对象往往分为四个组织层次（level）：个体、种群、群落和生态系统。现代生态学十分重视生态学研究中的尺度（scale）问题，因此除了从组织尺度进行研究外，还将时间尺度和空间尺度作为研究的重要指标②。

笔者认为将生态学与一般科学哲学两方面的观点结合起来，可以将生态学本体论的研究对象大致分为两类：第一类为生态学实体、过程；第二类为相应的生态学属性。

相应地，生态学本体论层面的还原可以分为两类。第一类：

---

① 参见［美］大卫·福特《生态学研究的科学方法》，肖显静等译，中国环境科学出版社 2012 年版，第 251—253 页。

② 牛翠娟等：《基础生态学》，高等教育出版社 2007 年版，第 2 页。

生态学实体的还原,例如热带雨林、群落等;生态学相关过程的还原,例如竞争、寄生、迁徙、演替等过程的还原;第二类:属性的还原,例如多样性、抵抗力等。其中,生态学实体的属性还原和实体间相互作用的还原则属于形而上层面的还原。

下面以群落构成的两种本体论立场来说明。

科学哲学领域,整体论和还原论所争论的问题有"高层实体是否仅仅是低层实体的集合""高层实体是否具有一些不可还原的突现属性""高层实体的属性及变化能否通过低层实体得以有效解释"等,这些问题指涉本体论、认识论及方法论等多个层面。

那么,生态学整体论者所主张的是何种意义上的整体论呢?还原论者所主张的是何种意义上的还原论呢?二者争论的核心问题又是什么呢?实际上,生态学整体论与还原论均具有多重含义,根据争论主题的不同,其争论的内容及焦点亦不同。

以机体论学派和个体论学派对群落构成的争论为例,其争论的主要问题是:群落是否仅仅是种群或个体的一种偶然集合?以克莱门茨为代表的机体论学派认为群落类似于一个有机体,是客观存在的实体,其演替过程类似于有机体发育的过程。作为一个实体,群落具有明显的边界,其分布通常呈间断状态。随后,格里森对将群落比拟为有机体的观点提出了质疑,并认为群落并非独立存在的实体,而是一组物种的集合。这类集合并没有明显的边界:因为群落的形成不仅取决于种群构成,还取决于其外部环境,而且这些要素均在不断发生变化,因此无论是空间还是时间结构上,群落都没有明显的边界。以格里森为代表的个体论学派认为群落不过是仅依据空间和时间所人为约定的种群集合。二者争论的问题为"群落是何种存在",或者说"群落是何种意义上的一个整体"。

进一步地,机体论学派和个体论学派争论指涉三个子问题:

第一,群落是否是一个独立存在的实体?·

25

第二，种群如何构成群落？

第三，群落属性与种群属性存在什么关系？

其中，第一个问题指涉群落的本体地位，两个学派所持的不同观点体现了不同的实在论立场；第二个问题指涉群落和种群间的整体—部分关系，这种整体—部分关系具有物质构成方面的一致性，但在属性关系方面两个学派观点存在分歧；第三个问题实际上包含了两个子问题：群落是否具有类有机体的属性？群落的属性能否通过种群属性得以解释？这正是两个学派存在分歧的核心之处：实体间属性的可还原性，即高层实体的属性能否被彻底还原为低层实体的属性。以上问题紧密关联，对群落—种群属性关系的解释可揭示群落的构成：种群的一种简单集合，或者是种群相互作用的产物，而群落内在构成形式又揭示了其本体地位：人为约定的存在，或者类有机体的存在。该主题虽然指涉实在论问题，但根本上而言是整体论—还原论的本体之争。

本体意义上，种群是群落的构成部分，群落整体由种群构成。这种整体和部分关系体现在两个方面：物质构成方面；属性关系方面。

就群落的物质构成而言，机体论学派和个体论学派均认同群落与种群物理构成的一致性。就群落和种群的属性关系而言，两个学派有不同的观点。机体论学派认为群落作为一种独立的实体，具有许多独特的属性例如多样性和生产力等。这些属性并非种群属性所能完全解释，这是群落层面所涌现出的属性。

个体论学派认为不能将群落视为类有机体的一种独立存在：

其一，如果将生物群落视为有机体，那么群落必将面临消亡的结局，但实际上种群消亡并不一定引起群落的消亡，而只是引起群落结构的变化；

其二，有机体所有细胞间遗传信息一致，但构成群落的各个种群在遗传信息上并不一致；

其三，有机体可以通过繁殖实现遗传功能，但群落无法实现遗传的功能。

综上所述，在物质构成方面，机体论学派和个体论学派均持一种物理主义的立场，对于群落和种群间"整体等于部分之和"并无歧义。对于群落和种群的属性关系，机体论学派持一种整体论的观点，认为群落的属性无法彻底还原为相应的种群属性；个体论学派则否认群落作为独立实体的地位，认为群落仅具有集合属性，体现了其还原论的立场。

对机体论学派和个体论学派争论的考察表明本体意义的"可还原性"，并非是指其物质构成的"可分解性"。对于各种生态学研究对象而言，"可还原性"一方面意味何者可以作为整体被认识；另一方面也意味着可以通过自下而上的路径来获得对其的认识，这就涉及认识论意义的相关考察。

这里需要说明几点。

首先，由于生态学是一门研究生物与环境相互作用的学科，因此这种相互作用也应成为还原考察的一个重点。这里的相互作用既包含有机体与非生物环境的相互作用，也包含有机体之间的相互作用，例如竞争、捕食、寄生等。在福特那里，相互作用作为一种事件或过程表征了一种功能关系。笔者认为生物与环境的"相互作用"是实体与实体的关系，对其进行可还原性的考察应划归为形而上层面。这方面相关的理论研究主要集中在有机体之间的相互作用，有机体和非生物环境的相互作用则很少关注，因此应深入这方面的可还原性的研究。

其次，现代生态学的研究表明时间尺度、空间尺度、组织尺度往往成为生态学研究的主要制约要素，而以往的还原论讨论重视实体还原中组织水平的问题例如层次等，往往忽视了时空尺度，尤其是时间尺度的影响，因此应将事件或过程，例如发育、演替、进化等作为本体论还原的另一重要对象进行考察。

生态学实体的还原和层次紧密相关。路伊金将实体由低到高

27

划分为：量子物质、次原子物质、原子、分子、大分子、细胞器、细胞、组织、器官、有机体、种群、群落、生态系统、生物圈。相应地，学科也可以由低到高划分为量子力学、物理化学、经典质点力学、有机化学/热力学、生物化学/分子生物学、细胞生物学/遗传学等到进化生物学、群落生态学、系统生态学、全球生态学等。这样一种层级划分方式导致了许多问题，单单以组织水平来进行还原论的研究是不充分的，应该将空间尺度、时间尺度、功能尺度等作为重要因素进行考察。

第二节 认识论层面：如何还原

一 经典还原论的两大主题：术语还原与理论还原

一般科学哲学中，认识论还原论包含术语还原（reduction of terms）和理论还原（reduction of theory）两大研究主题。其中，理论还原指将一个理论还原为另一相对基础学科的理论，这是实现学科还原的前提。

从还原论的发展来看，术语还原和理论还原的研究一直呈交织状态。奥本海姆和普特南的"微向还原"主要是指学科的还原，内格尔的"桥接原理"主要是指理论还原。术语还原均未被单独考察，但其中关于术语的研究又占了较大比重。

逻辑经验主义后期，物理主义主张将一切学科还原为物理科学，物理学语言是科学的普遍语言，从而达到所谓统一科学的目的。其中，学科还原是以语言的还原为基础。1958年奥本海姆和普特南提出通过微还原的方式实现社会群体、有机体、细胞、分子、原子、基本粒子的逐级还原。这里微向还原的对象并未确指为术语或理论。1961年内格尔在 *The structure of science* 一书中对理论还原进行了细致的分析，其中"桥接原理"指涉术语之间的联系。其中，"理论"被认为是包含科学规律的、由一阶形式语言构成的陈述系统。1966 年亨普尔将术语还原单独进行了研究。他认为术语间的还原是通过"描述性定义"（descriptive definition）实现的，其不要求定义项与被定义项一定具有相同的内涵，而只要求其具有相同的外延或应用范围①。

例如，用"无毛的两足动物"来定义"人"，只要求两者所指相同，含义可以不同。另外，这种定义是可能的而非绝对的，比如用物理—化学的术语可以表达"氨基酸"是可能的，但用来表达"基因"或者"多肽链"就是不合适的。因为对于某多肽链而言，即使能够用某分子式充分描述其化学构成，或者说多肽链和其分子式的指称一致，其含义也显然不同。他认为一方面术语具有一定的特殊含义，这种特殊的含义和学科特征紧密联系在一起；另一方面这种含义通常可以借助物理或化学术语的形式充分表达出来，即通过"描述性定义"而非"分析性定义"（analytic definition）的方式。对还原论问题展开激烈论战的生物学哲学领域中，其争论的核心问题也是术语还原问题：遗传学中的"基因"概念能否还原为现代分子生物学中的"基因"。可以说，术语还原成为实现理论还原的重要前提。

理论还原方面，奥本海姆和普特南提出通过微向还原的方式实现理论间、学科间的还原，但是对理论还原路径展开具体分析的是内格尔，其所提出的理论还原模型也成为后期反还原者的主要批判对象。

内格尔首先将理论还原分为学科间还原和学科内还原两种，并认为学科间的还原"往往是造成困惑的根源"，是分析的重点。学科间的还原又可以分为同质还原和异质还原两种。

进一步地，内格尔认为同质的还原属于学科理论不同发展阶

29

---

① ［美］卡尔·G. 亨普尔：《自然科学的哲学》，张华夏译，中国人民大学出版社 2006 年版，第 156 页。

段的体现，这种还原"没有产生逻辑的难题，虽然在人类看待世界的方式上它的确形成了一次革命"。比如伽利略定律被吸收进牛顿力学和万有引力理论，其仅仅是理论应用的范围扩大了，通过该理论将"类似的现象结合为一个更为广泛的类"。这些不同学科的理论所描述的现象间有一种质的相似性，这种理论还原属于"同质还原"，是指在两组含有同质术语的陈述间建立起来一种演绎关系。

另外，有一些学科间的还原被认为是异质还原，这一还原存在一定难度，例如热力学的术语"温度"如何与力学中的"平均分子动能"联系起来呢？在此基础之上，内格尔将异质还原的条件分为"形式条件"（formal condition）和"非形式条件"（unformal condition）两种。

其中，非形式条件则指向理论的成熟等外部要素。形式条件包含：

（1）一门学科中的四类陈述：①理论公式及相关的协调定义；②实验定律；③观察描述；④借用定律。

（2）观察术语和理论术语。

（3）两类术语：①共同术语，比如逻辑、数学及其他同质术语；②专门术语。

基于"形式条件"的满足，一个理论被还原到另一个基本理论的形式要求被称为"桥接原理"。

（1）可连接条件（the condition of connectability）：初级学科的理论中包含某些理论词项，其与次级学科"新的"理论词项之间存在一定的关系。

（2）可导出条件（the condition of derivability）：初级学科的理论前提及协调定义可以在逻辑上推出次级学科的理论。

"可连接条件"保障了术语的关联，加上"可导出条件"便实现了次级学科理论到初级学科理论的还原。两个条件中，前者是基本前提，即理论语词间的"可连接性"是保证一个理论逻辑导出为另一理论的基本前提。

那么两个理论词项间如何实现连接呢？这是理论还原的关键问题，也涉及术语还原问题。内格尔给出了三种可能：

（1）两者之间存在含义或逻辑关联。对于哪一种逻辑联系，内格尔表述为"可能是通过同义性或某种单向衍推分析"；

（2）两者之间是约定关系，即协调定义，意指理论词项之间没有必然的意义关联；

（3）两者之间的关系是事实的。两个理论词项之间的关系不能通过逻辑分析得出，而只能通过经验证据来支持。

可见，对于桥接原理，内格尔并不认为其完全属于分析性陈述，而是给出了语词间"经验事实"或者"协调定义"等其他连接途径。但是，对此内格尔并未进一步阐明。故此，费耶阿本德、库恩等对内格尔的理论还原可能性提出质疑。费耶阿本德认为在时间维度上，同一理论语词的含义可能发生变化，从而导致不可通约问题的出现，并进而阻碍理论还原的实现。因此，语词的"可连接性"本质上仍然是"可通约性"的问题。当然，科学哲学界对理论语词的"可通约性"仍然是存在争议的。

内格尔的理论还原模型受到的质疑之一是"语词意义的不可通约性"问题，这是针对理论词项或术语的"可连接条件"而言。一方面，不同理论术语虽然指称可能一致，但其意义却不可能完全相同；另一方面，学科的发展将导致理论术语的含义发生变化，进而导致无法实现理论之间的还原。

内格尔所遭到的质疑不仅仅涉及"可连接性"，而且还涉及"可导出性"方面。在"可导出条件"方面，如果将内格尔的理论还原模型简化为 $T_{初} \wedge L_{辅} \rightarrow T_{次}$，就可能出现这样的悖论：

（1）如果 $T_{初}$、$L_{辅}$ 为真，那么 $T_{次}$ 为真，但这暗含了一种对理论真值的预设，可能与科学发展的事实不符；

（2）如果 $T_{初}$、$L_{辅}$ 为假，那么 $T_{次}$ 为假，这就意味着还原不仅是没有意义的，而且这种还原可能与经验事实不符。因为存在 $T_{次}$ 为假，但是 $T_{初}$ 或 $L_{辅}$ 为真的可能。

针对理论还原受到的这些质疑，还原论者纷纷对其进行了修正。沙夫纳认为存在强类似 $T_{次}$ 的理论 $T_{次'}$，理论还原模型因此转换为 $T_{初} \wedge L_{辅} \rightarrow T_{次'}$。尼克（T. Nickles）随后将这一类似关系进一步精致化，认为逻辑导出关系发生在 $T_{初'}$ 和 $T_{次'}$ 之间（见图 1）[①]。

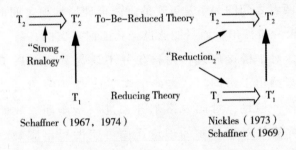

图 1　沙夫纳及尼克所提出的"强类似"关系的理论置换模型

由于这种修正后的还原模型仍然是以理论之间的逻辑导出性为条件，因而其仍没有解决术语"意义不可通约"的难题。Nagel-Schaffer 理论还原预设了一个一阶形式语言所构建的公理化体系，并认为这样的一个语言系统可以呈现理论间的结构关系。同时，这种修正也引出其他一些问题，例如理论间的强类似关系该如何界定？对理论的修正又是否会导致理论内核的改变？对此，维姆赛特认为这种强类似关系实际上是不同发展阶段理论间的关系的体现，即理论间的还原实质上是理论的一种演替过程，其中低层次理论对高层次理论起到了解释和说明的作用，是一种还原性解释（reductive explanation）（见图 2）[②]。

①　Nickles T., "Two Concepts of Intertheoretic Reduction", *Journal of Philosophy*, Vol. 70, 1973, pp. 181 – 201.

②　Wimsatt W., "Reductive Explanation: a Functional Account", *Philosophy of Science*, Vol. 70, 1974, pp. 671 – 710.

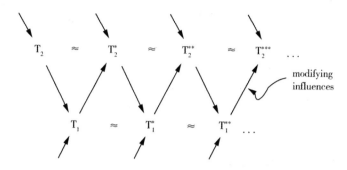

图2 维姆赛特所提出的"演替还原"的图示

二 生态学术语还原的研究现状

本体论层面，尽管生态学家并不关注高层实体的属性和低层实体的属性之间究竟是"同一关系"，还是"随附关系"，但大致都认同物理主义的基本还原主张。实际上，分歧主要集中在认识论层面。其中，生态学的理论还原可能性始终是最终的争论主题。此外，还存在对解释性还原的大量争论。

生态学理论术语有观察术语和理论术语两大类。其中，理论术语又包含两类：①共同术语如逻辑、数学及其他同质术语；②专门术语。就生态学理论还原而言，理论术语间的可连接性是重要的考察主题。

生态学的术语还原方面，莱勒认为"多样性"（diversity）和"演替"（succession）是生态学中两个较为成熟的术语，可以以此展开术语还原的研究。

弗雷切特对此提出了质疑，她认为这两个术语不能作为成熟的术语进行还原，一方面演替和多样性的内部机制并不清楚；另一方面这一术语还原无法克服高层次术语和低层次术语由于不同分类系统所导致的还原鸿沟。前者是质疑术语还原的非形式条件，后者是质疑术语还原的形式条件。此争论的焦点之一在于术

33

语的成熟与否，这一点在内格尔关于理论还原的非形式条件中曾
有提及。

笔者认为弗雷切特的批判本身也是成问题的：

其一，如果这两个术语的内部机制已经研究得足够透彻，那
么这就表明了一种还原的实现的现实，因此至少不能通过理论有
无被还原的事实来推断其可还原性；

其二，如果高层次和低层次因为所处不同的分类系统，故而
无法实现有效还原的话，显然这是在层次论的框架下进行的论
证，但许多的生态学术语例，如演替等呈现的是时间制约性而非
空间制约性，其还原已经不能简单地在层次论的框架下展开，即
其对术语还原的形式条件的质疑反映了一种预设，这种预设本身
就包含了一种逻辑矛盾。弗雷切特对术语还原的质疑主要是从逻
辑的合理性出发，而莱勒对术语还原的辩护则是基于生态学术语
的发展和演化的事实。对于还原论这一科学哲学的主题，只有将
辩护的内容与方式结合起来，争论双方才能进行有效的对话。

路伊金对生态学中的术语还原进行了较为细致的研究，首先
他对考塞的术语还原。考塞认为术语还原属于本体还原，两个术
语之间的关系是本体同一关系，这种本体同一关系可以分为实体
同一关系和属性同一关系①。这里的微向还原最初是奥本海姆和
普特南所提出的，但并未对术语的微向还原或理论的微向还原做
进一步的研究。考塞随后以本体同一关系为基础，结合微向还原
的路径，提出通过实体同一或属性同一来实现术语的还原。

路伊金认为术语还原并非本体论问题，并认为本体还原的前
提本体同一关系应该从属性同一和类型同一的不同角度来进行界
定。对术语还原的路径他也做了深入分析，认为术语还原并非通
过微向还原的途径实现。术语还原的核心步骤是实体或属性的相
关性而非同一性。可以看出，生态学理论还原研究首先关注对不

34

---

① Causey R. L., *Unity of Science*, Dordrecht Springer Netherlands, 1977, p. 172.

同术语间通约性的探索。

三　生态学理论还原的研究现状

对生态学理论而言，理论还原是指如何将其还原为个体生物学的相关理论，甚至还原为物理学、化学的理论。对这一主题的研究涉及两个层次的问题。第一，生态学理论能否实现还原？第二，生态学理论如何实现还原？其中，"能否实现还原"是核心问题，也是生态学理论还原的争论主题。对该问题的回答首先需要界定如何还原，即还原路径的问题，进而才能对理论还原的可能性做出判断。

以术语的连接为前提，舒纳（Thomas W. Schoener）等分析了群落生态学理论还原的可能性。他主张通过机制论的方法（mechanistic approach）实现群落生态学理论的还原。该方法主要是通过将群落或种群生态学理论中的变量翻译为有关个体理论的相关变量，这也被认为是一种新的还原论。舒纳将内格尔理论还原的逻辑性要求和生态学案例结合起来，并由此展开对群落生态学理论还原的论证。他一方面考察了群落生态学理论还原的形式条件和非形式条件；另一方面从生态学研究者的角度分析群落生态学研究方法的特征，并最终提出生态学理论还原应遵循解释性还原的原则和机制论的研究策略。

这种研究策略由于强调理论变量之间的逻辑导出性，实质上和沙夫纳一样维护了内格尔理论还原模型的内核。但是舒纳强调通过理论还原实现理论对理论的解释，这实际上是对内格尔理论还原的一种弱化。这种解释还原的主张显然和维姆赛特的解释性还原的主张是一致的。同时舒纳也注意到了生态学中进化问题的特殊性。他认为群落生态学理论可以还原为两种个体生态学理论：进化型的个体生态学理论和非进化型的个体生态学理论，将群落生态学理论还原为非进化型的个体生态学理论是可能的。

　　机制论得到许多生态学家的支持，例如蒂尔曼（D. Tilman）等在种群、群落结构等方面的研究均用到这种策略。尹乔思迪随后对群落生态学中的还原方法进行了系统的梳理。他对群落生态学中较早的两种研究方法模式分析和干扰试验的特征分别进行了分析，并强调舒纳提出的机制论方法应成为一种重要的还原方法。他对内格尔以来围绕理论还原主题展开的争论，例如沙夫纳、尼克、赫尔、库恩等的观点进行了系统回顾，同时以生态位理论为例，结合该理论各种内涵的发展变化，提出从科学活动理性重建的角度来理解还原，主张维姆赛特的演替还原。在研究框架上，他也遵循一般科学哲学的相关原则，将群落生态学的还原问题分为本体论、认识论和方法论三个层面，提出还原论应成为群落生态学的一种研究策略。

　　总体而言，生态学术语还原和理论还原问题的研究尚有较大研究空间，一方面由于生态学尚处于不断完善发展之中，生态学还原论相关的研究框架也因此得以不断拓宽和丰富；另一方面，生态学术语还原和理论还原问题目前的研究并不够深入，虽然有研究者遵循一般科学哲学的研究框架进行了初步研究，并进行了系统的梳理，但是真正结合生态学自身特质进行还原论研究的并不多。

　　除此之外，围绕着理论还原问题，还存在生态学是否存在普遍规律（general law）的争论，劳顿（J. H. Lawton）认为生态学中的普遍规律是预设的结果，生态学仅存在统计定律（statistical law）。伯特伦（L Bertram）对此持怀疑的态度，他认为否认生态学普遍规律是对生态系统复杂性的预设。

　　那么，生态学是否存在普遍规律？如果生态学不存在普遍规律，那么理论是否就无法实现还原？如果存在普遍规律，那么其理论还原如何实现？对这些问题的解答需要进一步结合生态学的解释特征来分析。但无论存在的是普遍定律还是统计定律，这都不影响通过还原来实现知识增长的目标。正如舒纳所说，即使生

36

态学理论大多是从其他学科"借来的",但这都不妨碍生态学向前发展。笔者同时认为在学科不断融合的今天,许多的理论已经很难归属为某单一的学科或子学科,在这种情况下也很难明确区分开学科内的理论还原和学科间的理论还原。

第三节 方法论层面的不同进路

早期还原论曾引起科学哲学界的广泛争论,1974 年阿亚拉和杜布赞斯基(T. Dobzhansky)编辑出版了 *Studies in the Philosophy of Biology* 一书,该书共收录 20 篇文章,主要内容均围绕还原论展开。

其中,阿亚拉在序言中将还原论分为本体论、认识论和方法论三个层面,并认为方法论主要是"知识获得或研究的策略","激进的还原论者和激进的反还原者对同一生命现象可能采取不同的策略去解释"。

随后,古德菲尔德(June Goodfield)对 19 世纪、20 世纪一些生理学家的哲学立场进行了梳理,发现在认识论层面持不同立场的研究者,他们在方法论层面的还原论立场上却是一致的,而且这些科学家的学科贡献差距也很小。

生态学哲学领域内,路伊金认为应区分开"作为研究策略"的方法论和"作为研究方法"的方法论。他本人对"作为研究策略"的方法论进行了研究,认为方法论还原论是一种"上向"(Bottom-Up)的研究策略,这种研究策略和分析传统有关,而方法论整体论是一种"下向"(up-bottom)的研究策略,这和综合的传统有关。

笔者认为作为研究策略的方法论和作为研究方法的方法论,两者之间有区别,应该对此作出区分,但两种方法论之间也存在一些重要的联系。作为研究策略的方法论还原论更倾向于从微观世界中找寻原因，提出假说，并以此展开研究，这就涉及作为研究方法的方法论的选择。因此，生态学方法论还原论的研究不仅要关注作为研究策略的方法论，也应关注作为研究方法的方法论。

余 论

通过对生态学还原论的概念进行分析，初步明晰了生态学还原论的不同类别及其含义。

生态学整体论和还原论具有不同的含义，对于不同的研究情境也应该选择不同的研究路径。实际上，有些生态学整体论者为了捍卫本学科的学科地位，主张生态学各子学科的理论均有独特的解释功能，这是其他学科所无法代替的；与之相对的，还原论者认同生态学的学科地位，认为生态学作为生物学的分支学科，与物理学等基础学科具有可沟通性和可连接性。前者被称之为自主论，后者被称之为分支论。自主论否认学科间、理论间沟通的可能，分支论认为学科间、理论间存在沟通的可能。这种主张也体现了生物学各子学科与物理、化学等不同的学科范式，同时也体现了不同学科的边界问题。这种学科的划界尽管并非截然分明，但总体上仍然由各自研究对象尺度来决定：层级链中不同研究对象的位置也间接决定了该学科的位置。

38

从基本粒子、原子、分子到生物圈的层次理论并非完全是人为约定的结果，其部分反映了对象的内在秩序，但其并非是对自然结构的完全真实描摹。自然界呈现给我们复杂性的图景。对于这一图景的认识，采取一种单向的下向溯因，或者上向溯因都是不充分的。从某种意义上而言，对自然图景各种细节的研究将会获得对整体的最终认知，因此本质上生态学整体论和还原论并非截然对立，而采取一种自然化的立场将更有助于生态学研究。实际上，生态学研究者也倾向于采取一种自然化的立场。现代生态学的发展正呈现两极化发展趋势：一方面生态系统生态学、景观生态学等宏观子学科日趋发展；另一方面微观子学科的研究也不断深入，例如个体生态学、分子生态学等。在这样的学科背景之下，对生态世界的充分解释必然需要整体论和还原论的综合运用。

第二章

生态学还原论的弱化

对生态学还原论的分类及含义辨析仅仅是对"什么是生态学还原论"这一问题的初步解答。无论是本体论、认识论还是方法论层面,生态学还原论均存在不同的样态,对其进一步分析可以更清楚地呈现生态学还原论的问题所在。实际上,还原论的不同样态也同样呈现于其他自然科学,基切尔(Philip Kitcher)等对此进行了分析。

1984 年基切尔在 *1953 and all That. A Tale of Two Sciences* 一文中试图将孟德尔遗传学理论还原为现代分子生物学理论,并认为这两个理论的关系属于弱还原,而通过内格尔的桥接原理来实现这两个理论的还原则属于强还原[①]。基切尔认为术语仅仅是理论的一部分,术语和陈述、问题、实验、推理等共同构成了理论整体,对理论的语言载体的强调会导致理论间客观性基础的断裂。同时,基切尔强调理论之间应通过科学实践而非术语保持沟通。最终,两个理论呈现一种解释和被解释的关系,例如 DNA 的分子结构可以解释部分生物个体表型的遗传稳定性,而 DNA 大分子的复制或翻译错误可以解释部分生物个体表型的遗传突变。

---

① Kitcher P. , "1953 and All that. A Tale of Two Sciences", *The Philosophical Review*, Vol. 93, No. 3, 1974, pp. 335 - 373.

基切尔是在认识论层面的理论还原问题上对强还原与弱还原做出了区分，根据两个理论的关系是一种解释与被解释的功能关系还是一种逻辑导出关系进行划分，前者属于弱还原，后者属于强还原。

2001 年细胞生物学家罗斯曼（Stephen Rothman）在 *Lessons from the Living Cell：The Limits of Reductionism* 一书中以囊泡理论为例对强还原和弱还原有着深入的分析。他认为弱微观还原主张"通过探索越来越小的物质实体，我们才能掌握关于物质最基本的知识"，而强微观还原强调"根据事物的潜在结构——它们的基本组成部分的全面知识，来达到对所有现象的理解"①。

与基切尔一样，罗斯曼认为强微观还原论的影响过大以至于人们常常把它等同于还原论本身，因而需要澄清强微观还原和弱微观还原。实际上，强微观还原强调部分之于整体的充要关系，而弱微观还原强调部分对整体的促进作用。因此"弱微观还原——是一种强有力的研究方法，是微观还原论之锋利的剑刃"。

不同的是，罗斯曼对强还原论和弱还原论的区分没有具体到某单一层面。弱微观还原强调宏观与微观物质实体之间的关系，强微观还原强调通过组成部分的知识来认识现象，前者属于本体论层面的问题，后者属于认识论层面的问题。

这就可能导致一个问题，即其对两种微观还原的区分标准是什么的问题，如果是基于不同的讨论层面做出的区分，也就是说本体论层面的微观还原称之为弱微观还原，认识论层面的微观还原称之为强微观还原，那么这一区分的理由又何在呢？如果是基于不同的层面进行的区分，那么本体论层面的强微观还原如何定义？认识论层面的弱微观还原又如何定义？另外，罗斯曼批判的一个核心观点是微观还原论者"基础性的认识的观点与被检测物

41

---

① ［美］斯蒂芬·罗斯曼：《还原论的局限》，李创同等译，上海译文出版社 2006 年版，第 35—39 页。

质的大小联系起来了"，但是这一观点是否为还原论者所辩护的还原论还是值得探究的。

此外，有部分学者也对还原论进行强还原论和弱还原论的区分有着不同的理解。例如认为强还原是指将某实体的一切属性还原为另一实体的一切属性，弱还原是指将某实体的本质属性还原为另一实体的本质属性。这一区分是在本体论层面对还原论进行的强弱区分，是以"本质属性"代替"一切属性"的弱化还原①。

物理学哲学领域，沈健从量子策略理论出发指出"解决还原论困境的方法在于放弃强还原、寻求弱还原，重释还原概念的内涵"。② 他所指的强还原主要是内格尔的理论还原模型，弱还原是一种"强调放宽还原的条件，如采用增加附属原理集等办法，以此达到科学解释的目的"。这一区分出发点是为还原论做出辩护。生态学哲学领域，李际在"生态学研究中的还原论"一文中，认为生态学也存在强还原与弱还原等不同程度的还原，其中强还原指积极支持还原论的一种哲学立场，弱还原指把还原论作为一种研究策略，或只强调其部分合理性的哲学立场和观点③。进一步地，他认为激进的弱还原实际上是一种反还原论观点或者整体论观点。由此可见，李际对生态学中强还原和弱还原的划分主要是以还原所持的不同哲学立场为标准。

以上是国内外不同领域各学者所持有的不同的强还原和弱还原的观点。这些观点基本都反映了对强还原的批判和对弱还原辩护的趋势，但是都没有对弱还原做进一步的分析和界定。另外，有许多的研究虽然没有明确提出强还原与弱还原的区分，但其研究却可以划归于这一主题。

---

① 李大强：《寻找同一条河流——同一性问题的三个层次》，《社会科学辑刊》2010年第2期。

② 沈健：《量子测量的还原困惑及其消解》，《自然辩证法通讯》2007年第2期。

③ 李际：《生态学研究中的还原论》，博士学位论文，中国科学院研究生院，2012年，第20页。

例如，在理论还原的问题上，内格尔的理论还原模型受到了许多人的质疑，后期维姆赛特、沙夫纳、尼克等人提出了多种的修正模型试图对其进行弱化。如果以理论之间的严格逻辑导出关系为标准，那么前者显然属于强还原，后者则属于弱还原。因此，可以通过对不同层面强还原论和弱还原论的区分来对原有还原论相关理论进行梳理和重新理解。

还原论这一传统哲学主题涉及实体、属性、理论、方法等许多层面的问题，断然以一个标准进行强弱还原的划分不仅容易导致歧义，且对于还原论概念的澄清和界定会适得其反。例如，认识论层面的还原论主要涉及如何还原的问题，但本体论还原论强调还原的对象而不涉及如何还原，其区分标准显然是不同的。因此，笔者认为可以在对生态学本体论、认识论和方法论不同内涵的分析基础之上，进行生态学各层面强还原论和弱还原论的区分和界定。

第一节　实体、过程及属性还原等

本体论还原论和认识论还原论的不同在于，认识论还原论强调如何通过还原实现理论间、术语间的沟通，但本体论还原强调还原对象的不同。因此，两个层面进行强还原和弱还原的区分也有所不同。

本体论层面，还原论主要关注还原的对象，即"什么被还原"及"还原为什么"两个问题。前者指向被还原对象，后者指向还原的结果。本体论层面强还原论和弱还原论主要以还原的结果进行不同区分。根据还原最终结果的不同，以及最终还原结果的构成，皮亚克（A. R. peacocke）将本体论还原论分为两种。本体还原论 A：整体由部分构成，整体遵循部分的具体规律；本体还原论 B：高层次的复杂事件或现象只能还原为基本粒子。

本体还原论 A 强调整体还原为部分，并不要求一定还原至基本粒子；本体还原论 B 强调还原为基本粒子。从这一还原程度看，前者属于弱还原，而后者属于强还原。这是以还原结果的不同为依据进行的强还原论和弱还原论的区分。

这两种不同的还原论调也分别得到其他学者的支持。迈尔的"构成性还原论"和本体还原论 A 的观点相符：现象、事态和过程分解为它们所含有的组成部分而言。无机物和有机体之间的主要区别在于结构而非组成物质的不同。本体还原 B 在克里克那里得到了强有力的支持。他认为复杂系统最终可以通过还原为基本粒子来得以解释，这个还原的终点就在原子水平：因为决定各种原子化学性质的核电荷在生命环境下基本不会发生变化，这是还原的终端①。

本体还原论 A 与本体还原论 B 的最重要区别在于，前者强调部分对整体的"构成"关系，而后者强调高层次与低层次之间的"同一"关系，因此前者给结构还原留下了余地，后者也因此更为彻底。路伊金认为原子论是本体层面上的强还原，相对弱化的形式是承认物质构成上的一致性，并认为高层次属性和低层次属性与两者的相互作用间存在因果决定关系。这种区分的方式和皮亚克对两种本体还原论的区分一致。生态学本体论层面涉及实体、过程及属性等不同还原对象，其还原的强弱可能略有不同。

44

一　实体的还原：还原的终点？

在生态学实体还原方面，强还原和弱还原基本可以做出这样的区分：通过强还原高层实体可以被还原为基本粒子，而通过弱

---

① 沈健：《量子测量的还原困惑及其消解》，《自然辩证法通讯》2007 年第 2 期。

还原高层实体可以被还原为低层次实体，且高层实体和低层实体间具有因果决定关系。这里的高层次实体和低层次实体是相对的，主要和实体的空间尺度有关，并不存在绝对的高层次实体和低层次实体。生态学研究中，本体论层面的强还原和弱还原有着不同的体现。

以种群概念为例，种群在生态学中被定义为同一时期内占有一定空间的同种生物个体的集合。根据这一定义，种群可以被还原为相应的同种个体和种内关系，这样一种还原属于实体的弱还原。

此外，种群也指由单体生物（unitary organism）或构件生物（modular organism）构成的生态学单位。单体生物例如鸟类、昆虫类、哺乳类等个体。构件生物可能包括叶子、花、植物个体、海绵等，同一种群的构件生物由同一受精卵发育而来，基因型相同。这样一种通过基因构成来认识种群的方式属于强还原。通过对构件生物的基因型来研究种群类别属于方法论层面的还原论，其在种群遗传学中得到广泛运用。

本体论的强还原追求还原到基本粒子，而弱还原仅追求还原为较低层次。这里的高层次和低层次是一对相对的范畴，和实体的空间尺度相关，并不存在绝对的高层实体和低层实体。

例如，生态学中对群落结构问题的研究，可以从相关种群分布的理论如生态位理论等来展开。分子生物学的研究中，关于基因片段的结构或功能问题，可以从相关的核苷酸的排序来寻找原因。

45

总之，无论是宏观尺度还是微观尺度，强还原指向的是基本粒子，而弱还原指向的是"部分"或者"低层次"的实体。值得注意的是，尽管生态学实体的空间尺度较大，但人们往往倾向于采取一种还原论而非整体论的策略。这是因为除了实体的空间尺度之外，研究策略的选择还涉及人们的观察尺度，而观察尺度又往往受到技术方面的限制。

　　基于不同的空间尺度，不同层次间实体的还原可以分为强还原和弱还原。但是仍有许多的现象和过程超越了层次论的框架，而呈现出一定的时间制约性，比如竞争、演替、进化等。这就涉及生态学本体论的第二类对象的还原，即生态学相关过程的还原。和生态学实体不同，大多数的生态学现象或过程都是以时间为变量的，同时这些生态学事件或过程又一定处于一定的空间中。因此生态学相关过程的还原不仅涉及空间尺度，还涉及时间尺度。

二　过程的还原

　　笔者接下来对时间尺度的还原进行尝试性的分析。时间尺度的还原实际上就是对"为什么会有这样的变化？"问题的解答。对过程的还原，即是对变化的原因在时间尺度上的追溯。

　　李际认为生态学中的还原包含时间序列上的还原，通过还原"返回到较前的状态，在数量上也减少到先前较少的发展阶段"。由此可见，他认为时间序列上的还原是一种"返回"和"减少"，即在过去的事件或过程中求索和溯因。许多的生态学案例也可以证明这种时间序列上的因果关系。

　　以植物群落的旱生演替为例，最初风化、酸蚀等物理或化学作用造成地壳表面的岩石破碎，缝隙中有机质增多，出现适宜苔藓生长的干旱环境，而苔藓群落发展对岩石表面改造更加明显，从而形成早期的土壤，也为一些耐旱植物群落的迁入创造了条件，而这些早期的草本植物群落的发展是后期灌木、乔木的渐次发展的开端。这种旱生演替过程中，前一群落的出现和发展对环境的改造为后一群落的出现创造了条件。

　　如果说追溯演替原因的话，显然可以从时间序列上进行"返回式"的还原。但这种时间上的"返回"的界限和终点是什么呢？另外，许多的生态过程并非是定向的、可预测的，也有可能

46

出现逆向发展的情况，这是上述的经典演替学说所遭到的质疑。

这些质疑来自于两个方面：一方面，后期的优势物种的出现并非完全是早期先锋物种作用的结果，可能其最初处于休眠等存在状态未参与早期的演替；另一方面，早期先锋物种可能对后期物种的发展产生抑制作用，这是 1954 年艾戈勒（F. E. Egler）提出的初始植物区系学说。他认为演替的原因可能是多元的，演替的具体途径是难以预测的。

1977 年康奈尔（Joseph H. Connell）将演替分为促进模型、抑制模型和耐受模型三种，这种对演替机制的考察将直接影响对演替预测的有效性。这些都说明时间序列上的演替可能存在逆向、多向等不同可能。因此，时间序列上的还原并非简单的"返回"。当然，"返回"式的还原能够追溯到某些外因，这一点是毋庸置疑的。

另外，许多的生态学过程往往追溯至其"内因"，即生态学实体的相互作用和实体的属性。例如以上植物演替的三种模型都强调种群间的竞争对演替过程的重要作用，而这种竞争作用又可以被理解为是植物种群的繁殖能力、扩散能力等的体现。早期的群落演替的研究多是描述性的，而现代群落生态学对演替的考察则重点关注演替的内部机制。

如果时间尺度上的还原并非单一的"返回"式的还原的话，那么是否涉及由于时间尺度的不同而产生的还原，即"分解式"的还原呢？从时间尺度上看，生态学过程可以分为大尺度和小尺度两种，大尺度的生态过程例如个体的发育、种群的进化、群落的演替等，这些过程存在单向、逆向、周期性等发展可能；小尺度生态过程例如竞争、捕食、寄生等随时间变化的生态学过程。

在目前的生态学研究中，较大时间尺度内对生态学过程的还原研究还较少，更多的是经验性的描述。较小时间尺度上对生态学过程的动态关注也主要是通过建模来实现，通过在一定假说基础上对特定输入和输出的测定来捕捉可能的因果关系。在这样一

47

种研究背景之下，很难说能否将大尺度的生态过程还原为各种小尺度生态过程。此外，这些通过经验描述或者建立模型而进行的生态学研究更多是一种描述而非解释，其无法回答在相应尺度下"为什么会产生如此的变化？"这样的问题，而后者是生态学解释及预测的关键问题。

总之，生态学过程的还原需要时间尺度和空间尺度两个角度的研究。张志林曾对因果关系所受时空制约性进行了分析，认为时间和空间彼此制约，且时间要素在一定程度上依赖于空间要素①。因此，生态学的此类还原可以以实体还原为前提进行一种间接的还原。实体还原的强弱区分也直接决定了时间尺度上相应的过程还原的强弱界定。如果直接从时间维度对事件、过程进行直接的还原，无疑能对还原主题有更深层次的丰富。但无论如何，生态学过程的产生不仅有时间要素的原因，还有空间要素及实体的属性等方面原因，因此生态学过程的还原除了需要进一步在时间尺度上更深入地研究，还需要结合实体及相关属性的还原。

三 属性的还原：同一性还是随附性？

在生态学实体的属性还原方面，首先面临高层次实体属性和低层次实体属性之间如何实现还原的问题。在对这个问题进行解答的基础上，可以对其做出强还原和弱还原的区分。李大强将强还原定义为实体间的"一切属性"的还原，将弱还原定义为实体间的"本质属性"的还原，是一种属性与属性之间的直接还原。这里的强还原指向了"一切属性"，弱还原指向了"本质属性"。但是，如何界定实体的"本质属性"和"一切属性"呢？

在心身关系问题上，金在权用"随附性"来调和心理属性和物理属性之间还原与突现的矛盾。但是"随附性"的概念不仅指

---

① 张志林：《金岳霖因果论评析》，《哲学研究》1995 年增刊。

涉属性与属性的关系，还指涉实体与实体、实体与属性的关系。那么，随附性是否可以用来解释生态学不同层次实体的属性间的关系呢？笔者认为随附性作为一种非还原物理主义的主张，用来解释实体和属性间的关系更为合适，即生态学实体的属性随附于实体，不同层次的实体间的还原保证了相应的属性之间实现间接还原。属性之间的还原首先通过随附于相应的实体，再通过实体之间的还原从而实现还原。实体间的还原进行强弱还原的区分，相应地，属性之间的还原也有强弱还原之分。

种群生态学中，种群的数量受到各种因子的综合作用。其中，密度制约因了所产生的影响与种群本身的密度有关。例如，加拿大猞猁和美洲兔之间形成捕食关系。高密度的加拿大猞猁将较强降低美洲兔的数量，而美洲兔数量的急剧减少又反过来影响猞猁的密度。在这一捕食关系中，被捕食者的数量对捕食者猞猁产生的影响和其自身的密度有关，这种因子属于密度制约因子。此外，有时季节、气候等条件也会对种群的数量产生影响，但这种影响与种群本身的密度无关，这类因子属于非密度制约因子。

其中，对种群密度产生制约的要素有两大类：外源性制约要素和内源性制约要素。20 世纪 50 年代，关于种群密度受到哪些外源性种群调节因子的影响有一场大论战。早在 1928 年，博登海默（Biodenheimer）提出种群的密度主要受气候的影响，尤其是不良气候的影响，这种观点被认为是非密度制约的气候学派。尼克松认为竞争、捕食、寄生等关系对种群数量产生主要影响，这种观点被认为是密度制约的生物学派。

20 世纪 60 年代生物学派中的皮特卡（L. F. Pitelka）等提出营养物恢复学说。这种学说以阿拉斯加荒漠上的旅鼠和植被间的捕食关系为例，认为高密度的旅鼠将导致植被质和量的降低，从而导致旅鼠因食物短缺而数量下降。这两种学说都是从外源来寻找种群密度变化的原因。

另外一些生态学家将原因诉诸种群内部，例如部分英国生态

49

学家提出行为调节学说，认为种群之间的社群行为将对种群密度产生重要影响。个别生态学家提出的内分泌调节学说，认为某些动物种群的数量受到激素的分泌等生理反馈机制的抑制。同时，有遗传学家主张种群的数量和遗传构成有关，当种群密度增加，自然选择压力较小时，遗传中出现的变异型也有较大机会存活。当种群数量上升到一定程度，竞争加剧，遗传型较差的个体被淘汰，这种学说被称为遗传调节学说。

这几种不同的学说中，气候学派、生物学派和行为调节学说从个体层面来对种群密度进行解释，分别将种群密度的变化还原为不同的因子，内分泌调节学说和遗传调节学说则将种群密度变化归因于小分子物质或者遗传结构的变化。前者属于弱还原，相对而言后者还原程度更强。密度是种群的一个属性，因而其还原是属性的还原。这种属性的还原是以实体还原为基础的，即对种群密度的还原主要是通过种群的还原而实现的。例如，生物学派的观点中，种群密度的变化最终被还原为相关植被的质和量的变化，种群密度和植被的质、量的变化的还原通过两种实体——种群和植被得以间接还原。遗传调节学说中，种群密度被还原为种群遗传结构的变化，即密度的还原被转换为种群到基因型的还原。

结合这一案例，笔者认为并不存在绝对的强还原和弱还原，二者的划分是相对的。在环境恶劣的条件下，采纳气候学派的观点能更好地解释种群密度的变化；在有利条件下，种群密度由密度制约因子所决定；这一争论不过反映了他们"工作地区的环境条件的不同"。因此，强还原与弱还原的区分更需要结合相应的问题情境，结合解释的需要，从而才能体现其有效性和范围。

第二节　术语及理论的还原

生态学还原论在本体论、认识论、方法论三个层面分别有着不同的内涵，相应地，各个层面对强还原论和弱还原论的界定也不同。认识论层面涉及术语与术语、理论与理论的沟通问题，对强还原和弱还原的界定需要从还原的路径进行考察。

一般科学哲学中，认识论还原论由于强调术语之间的同义性、理论之间的严格逻辑导出性而遭到了质疑：一方面这种逻辑演绎本身存在一些矛盾；另一方面术语间、理论间的逻辑演绎关系和学科发展的事实不符。面对这些质疑，有些学者不再要求认识论还原的严格逻辑导出性，转而从科学理性重建的角度来重新认识术语还原和理论还原，提出"演替还原"等弱化观点。对生态学认识论还原论的强弱划分还需要对此进一步分析。

一　一般科学哲学中认识论还原论的弱化

（一）从"同义性"到"协调定义"的术语还原

一般科学哲学中，术语还原可以说是理论还原的一个子问题。"桥接原理"的第一个条件"可连接条件"虽然只是指涉了术语间的连接，但这种连接和术语还原也并非没有关联。内格尔关于这种连接是如何实现的，即被还原术语与还原术语的关联却没能给出具有说服力的解释。只是通过含糊的"可能的同义性或某种单向衍推分析""传统约定"和"事实的"来给予说明。其中，通过"可能的同义性或某种单向衍推分析"是对术语间逻辑关联的要求，通过这种逻辑关联起来的术语可以视为实现了术语间的还原。

然而，这种可能性是很难实现的。这里就几个例子进行简单说明。就同义性而言，"温度"可以通过相应的可感知特征，例如"热的"或"凉的"、"膨胀的"或"收缩的"等来解释。同时，"温度"也可以通过"完全绝热体""无限的热库""无限缓慢的体积膨胀"来解释，但并不能因此说第一层意思上的"温度"与第二层意思上理解的"温度"是同义的。

生物学领域中，"基因"和"DNA 分子片段"两者含义是不一致的。"基因"可以通过亲代和子代表型的相似来理解，"DNA 分子片段"却通过四种核苷酸的一定排序来理解，两者含义明显不同。同样的，如果用化学分子式 a 来表达某激素 A，其结果是激素 A 的"由……分泌""在……情况下分泌""分泌将造成……的效应"等生物学含义被剥离。同时，人工合成的具有同样分子式的激素 B 也和天然激素 A 变得没有区别。

再者，两种理论词项间的逻辑联系是"某种单向衍推分析"，不仅内格尔也对此语焉不详，同时也没有任何的证据支持。如果将两个理论词项间通过逻辑推导实现连接视为术语的强还原的话，显然其可能性是值得质疑的。术语间连接的另外两种途径"协调定义"和"经验事实"则不再要求同义性或逻辑相关性，这可以视为是术语间连接的一种弱化。

20 世纪 60 年代，亨普尔明确提出过术语的还原问题。针对同义性的难题，亨普尔认为"描述性定义也可以在不太严格的意义上来理解，即不再要求定义项和被定义项二者具有相同的含义，而只要求二者有共同的外延或应用范围"，描述性定义被弱化为"外延定义"。这种定义"是用经验规律来表达的，而不是用同义词的陈述来表达的"。这种术语对术语的协调定义是通过科学发现实现的，进而表达为科学规律，因而这些定义必须结合科学的发展过程。可见，亨普尔的观点是对内格尔提出的术语间"可连接性"条件中的"同义性"的一种反驳，也是一种术语还原的弱化，其强调术语还原的经验条件。在术语还原方面，强还原更多的是强调术语间的"同义性"关系，而弱的术语还原可以只强调术语的关联，这种关联可以通过经验事实或协调定义等方式实现，其并不要求两个术语之间的同义性。在此基础之上，可以对理论还原进行强还原和弱还原的区分。

（二）从"科学的统一"到"促进解释"的理论还原

根据不同的还原路径，理论还原有微向还原、桥接原理、理论置换模型、演替还原等类型。其中，沙夫纳等人提出的理论置换模型虽然不再要求理论间的直接逻辑导出关系，而是采取一个或多个"类似"的理论完成这种逻辑的桥接导出，但实质上对逻辑导出关系的严格要求并未降低，因此笔者认为这种理论置换模型仍是强还原论的一种。张华夏认为其中内格尔的理论还原模型是强还原，之后的各种修正模型是弱还原，这显然是根据还原中逻辑导出关系的严格性作出的界定①。

总之，微向还原、桥接原理和理论置换模型强调理论间的逻辑导出关系，属于强还原论。维姆赛特认为理论间的还原是通过科学的发展自然而然实现的，不强调理论间的逻辑导出关系，属于弱还原论。强还原论要求理论间的逻辑可导出性，弱还原论不要求理论间的逻辑可导出性，当然其还原结果也不同。

从还原的结果来看，通过逻辑导出完成的还原似乎还没有实现，也没有得到科学发展的印证。通过科学的自然发展而实现的还原似乎是可以证实的，从这个角度而言，似乎可以说弱还原比强还原更有效。

理论的还原或者被认为是逻辑演绎的结果，或者被认为是科学发展的结果。这两种不同的还原路径，呈现出了强弱还原的不同态势。其中，通过逻辑演绎实现理论间的还原遭到许多的质疑，其无法克服不同理论意义不可通约的问题，而且科学发展的事实也不能证实这种逻辑演绎的有效性。相对而言，弱的理论还原不再强调理论间的逻辑关联，而是强调还原与科学发展相符。那么是否可以说，弱的理论还原比强的理论还原更加有效呢？

弱的理论还原如演替还原认为理论还原是科学自然而然发展

53

---

① 张华夏：《兼容与超越还原论的研究纲领——理清近年来有关还原论的哲学争论》，《哲学研究》2005 年第 7 期。

的结果，而且这种还原能够被科学的发展所证实。如果根据还原的结果实现与否来判断其有效性，可能导致循环定义的问题。例如一个理论通过演替还原到另一个理论，这种还原可以被科学发展的事实所证实，但是"演替"本身就是科学发展的事实，即科学的演替发展证实了通过科学发展而实现的还原。可以说，演替还原并未真正阐明其演替的内在机制。

演替还原消解了理论间逻辑演绎难题的同时，也带来另外的一些问题，例如如果一个理论可以演替还原为另一个理论，那么其知识的客观性基础如何保证？如果前后两个理论之间出现了知识的断裂，这两个理论又如何沟通呢？即如果承认演替还原的合理性，那么就需要解释这种演替是如何进行的，这可能涉及科学发展的内史和外史两个方面。因此，无论从理论间的逻辑关联，或者科学发展的事实来考察，都不能得出弱还原论比强还原论更有效的结论。强的理论还原可以保证理论间的逻辑关系和知识客观性，但是其与科学事实的发展不符。弱的理论还原和科学发展的事实相符，但却无法保证理论知识的客观性基础。因此，对于理论的还原问题，更应该本着尊重科学事实的态度。有些理论的发展是其他理论逻辑演绎的结果，这样的理论可以通过逻辑推导的途径实现还原。有些理论最初是根据科学发现的事实而逐渐形成的，这样的理论则更应采取一种弱还原论的立场。

尽管上述强还原论无法与科学发展相符，弱还原论无法保证知识的客观性基础，但是从两种还原论所发挥的认识论功能来看，弱还原论比强还原论更符合科学发展的需要。即使弱还原论所带来的问题并不比强还原论少，但是弱还原论强调通过还原发挥理论对理论的解释，即通过理论的弱还原，一种理论被另一种理论所解释，这种解释功能对实际科学研究起到的促进作用是毋庸置疑的。因此结合还原论所发挥的不同认识论功能，可以进一步对两种还原论进行界定。即还原论的弱化不仅应包含其形式的弱化，理论间的逻辑演绎关系的弱化，而且应包含其功能的弱化——以"促进解释"而非"科学的统一"为还原目标。

纵观还原论的发展，最初物理主义提出还原论的目标是"科学的统一"。这里的还原是一个主动建构的结果，还原论成为了一种实现科学统一目标的工具。内格尔对这种逻辑构建过程进一步精致化，提出了通过桥接原理实现术语连接和理论还原。但是，这一逻辑构建最终被证明是不可能的，因为无论术语与术语、理论与理论都并非纯粹逻辑推演的结果。赫尔因此称还原论成为了一种"思想上的毒瘤"。通过逻辑构建实现"科学的统一"无疑是失败的，而对还原论的目的和功能进行修正，并促使其发挥相应的解释功能，成为构建新的或弱还原论的主旨。这种弱还原论放弃"科学的统一"，以"促进解释"为目的，这既是还原论目标的转换，也是还原论的功能转换。简言之，对还原论的弱化包含两个方面：一方面是形式上的弱化，即对不同理论间逻辑可导出性的放弃；另一方面是功能上的弱化，即放弃"科学的统一"，发挥不同理论的解释功能。为促进解释而还原，而非为了还原而还原。这样，还原论的弱化才最终体现出其认识论层面的意义。

就还原和解释的关系而言，还原是一种对解释的描述，而非主动的建构，即解释在还原之前，还原是对解释的一种描述。亨普尔认为术语还原是通过科学发现实现的，而维姆赛特认为理论还原是通过科学发展自然而然实现的，这两种对还原的弱化实际上反映了一种从"建构的"还原到"描述性"的还原的一种转换趋势。深层意义上而言，这是对逻辑经验主义试图通过逻辑分析的方式来统一科学的另一种放弃。这种通过逻辑演绎实现还原和科学事实不符，究其原因是其对逻辑导出性的要求忽略了科学理论的特征，也忽略了科学发现在理论发展中的作用。

将术语还原和理论还原结合起来，认识论层面的强还原论和弱还原论分别具有这样的特征：强还原论通过逻辑演绎关系实现，从而可以保证理论的客观性基础，其最终目的是实现科学的

55

统一；弱还原论通过演替等实现，并与科学事实相符，其最终目的是促进科学理论或术语间的解释。但需要注意的是，演替仅仅是弱还原的途径之一，其自身尚存在不少的问题，对弱还原的机制需要进一步探讨。从"演绎的还原"到"解释的还原"，从"建构的还原"到"描述的还原"，还原论从"科学统一"的工具论中挣脱出来，需要进行从形式到功能的一系列转换，只有这样才能有效发挥还原论促进解释的功能。

二 生态学术语及理论还原的弱化

生态学的术语还原和理论还原也存在着强弱之分。就术语还原而言，路伊金对考塞以同一性为基础的还原提出质疑，认为术语的还原是以相关性为基础的一种关系，这实际上是一种弱化的还原。他以群落引起的争论为例，认为格里森的个体论观点是一种激进还原论的观点。相应地，温和还原论是指既承认生态群落的实体性，同时又通过还原论的策略来进行解释，例如通过对种群间竞争、捕食等相互作用来解释群落性质的策略。

这种温和的还原论实际上是包含了本体论层面的整体论和认识论层面的还原论两种含义。本体论层面上承认生态群落的实体性，认识论层面上通过对种群间相互作用来解释群落性质。这是一种综合的策略，但单就认识论层面的理论还原而言，他所持的仍然是一种强还原的立场。这一点可以从他对 Lotka-Volterra 模型还原为生态位理论的例子中可以看出。前者是对种群间的竞争关系的描述，后者表征了某单一种群在系统中所占据的地位和功能。这一还原的关键步骤在于将 Lotka-Volterra 模型中的关键变量环境容纳量进行重新定义，通过资源供应量、个体的多度、增长速率对资源影响的比值来定义环境容纳量，然后对此进行微向聚合并最终还原为现代生态位理论。这种还原类似于内格尔的协调定义，通过这种定义获得不同理论术语间的某种关联，然后通过

56

逻辑推导出另一理论，因此该理论还原不过是对内格尔理论还原模型的具体运用。同时，微向聚合这一还原步骤的合理性仍需要进一步探讨。

总之，在术语还原问题上路伊金弱化了术语间的同一性关系，而主张采取相关性的策略，因此其持的是弱还原的立场，但是在理论还原问题上，他强调理论间的逻辑导出性即强还原的观点。

除此之外，舒纳虽然试图将机制论和还原的解释功能进行结合，但机制论对变量间的逻辑演绎要求实际上仍然是遵从了内格尔理论还原的逻辑要求，因此也仍然属于强还原论。路伊金和舒纳都强调对还原的弱化，但是其对实现还原的逻辑路径的追求则表明了其强还原的立场，或者说是弱化的失败。无论是微向还原还是机制论，两种路径都非常重视对关键变量的"翻译"或"重新定义"。生态学理论大部分是建立在假说的基础上，例如 Lotka-Volterra 模型是对物种间竞争关系的一种描述，其背后的假说涉及参量的选择，而生态学家往往更倾向于选择那些易于观察或测量的参量，很难说是否有其他因素参与了这些竞争过程，虽然舒纳提出区分核心参量和一般参量，但这似乎可操作性并不高。

生态学研究应采取强或弱的还原策略，首先应尊重科学发展的事实。尽管生态学大部分理论都是"借来的理论"，具有很强的异源性。但是，不可否认的是生态学自身中也有一些较为普适的理论，例如个体层面的利比希最小因子定律、种群层面的自疏法则，以及岛屿生物地理学中的物种—面积关系等理论，这些理论也都获得了大量数据的验证。

对于这样的理论，我们没有理由不采取一种强还原的策略来获得认识。例如，大量的植物存在物种内竞争所导致的自疏现象，这一竞争过程可以用自疏法则来表示：$\lg W = \lg C - a\lg d$。这种现象不仅在植物种群中大量存在，在许多固着性动物种群中也可以发现。自疏现象背后的竞争关系便可以还原为植物个体平均质

57

量，且是一种认识论上的强还原。

这种认识策略的优点在于其简单性，对单一可观测变量的研究可以用来解释较高层理论。但目前这样的理论在生态学研究中尚属少数，且主要集中在个体或种群层面，对于那些更复杂的现象强还原还不太适用。

比如，土壤的各种条件可以影响植物的生长，格拉斯（R. J. Glass）关注土壤中营养物质对植物生长的影响，波义耳（E. W. Boyer）研究了土壤中水分对植物生长的影响。此类研究表明土壤的形成是由植物根部生长情况、有机体死亡、腐烂及有机物的累积和在土壤中向下运输这类过程决定的，这是土壤和有机物在成土作用中表现出的互惠现象。

对消融后的冰川下土壤年龄结构的研究证明，土壤性质的变化和植被演替相对应。克罗克（Lester G. Crocker）于 1955 年在阿拉斯加东南部发现最近消融的冰川地区到消融 70 年的北美云杉的一个地平线梯度。这条梯度上，土壤表层的 PH 值从 5.0—8.0 不等。土壤表层不同的 PH 值表明了相应地区土壤有机碳和有机氮的增加速率不同，土壤的堆积密度也不同。这 70 年的梯度上，前 30 年 PH 值变化速率并不均匀，这和早期有植物物种入侵到裸露地表有关。通过对土壤结构及物质组成可以进行土壤年龄的研究。土壤中的营养物质、水分等对植物生长可以通过实验来测定，但是对土壤年龄进行断代研究则可以发现植物的演替对土壤形成产生的作用。

对于这样一个土壤形成的过程的研究，可以用到的不仅有生态学理论，还有植物生理学、气候学、生物化学、物理及化学的理论，以及一些生态学的特有术语，例如栖息地等。通过这些理论和术语，成土的过程得到了很好的解释，并能够进行相关的预测。这些理论及术语综合在一起对该现象进行解释，但是理论或术语间无须满足可导出性和可连通性，甚至这些理论或术语无须具备一定的有序性。这种对还原的逻辑要求的放弃便是弱还原的

58

策略，事实上，这也正是生态学研究中大量采取的认识策略。这种认识策略正是遵循了解释性还原的原则，而非逻辑经验主义所追求的为了还原而还原的原则。

第三节 生态学方法论层面的还原弱化

本体论还原论、认识论还原论和方法论还原论三个层面相对而言，方法论还原论引起的争论较少，一方面是由于还原的方法在科学发展中起到了有目共睹的积极作用；另一方面也是由于还原论的方法比整体论具有更强的可操作性。

正如以上所言，方法论还原论可以从研究策略的方法论和作为研究方法的方法论两个角度来考虑，笔者认为如果既采取一种作为研究策略的方法论还原论，也采取作为研究方法的方法论还原论，这是方法论的强还原。例如，植物群落的初级生产力与它们所吸收的辐射成正比，即可以通过对植物辐射能分数的测定来计算群落的生物量，那么这是一种还原论的研究策略。其中对光合作用等方面的研究需要采取还原论的方法，这个属于方法论上的强还原。

如果作为研究策略和作为研究方法的两种方法论还原论不一致，则可以称为是方法论的弱还原论，即采取还原论的研究策略和整体论的研究方法，或者采取整体论的研究策略和还原论的研究方法。

下面笔者以群落结构形成的"平衡说"（eqilibrium theory）和"非平衡说"（non-eqilibrium theory）两种学说为例进行分析。对于群落结构是如何形成的有两种不同的看法：平衡说和非平衡说。平衡说认为共同生活在同一群落中的物种处于一种稳定状态。这种稳定状态是通过种群间的竞争、捕食、互利共生等相互作用形成的，在这种稳定状态下群落的物种组成和各种群数量的

59

变化均不大。可以说，平衡说将生物群落视为存在于不断变化着的物理环境中的稳定实体。这一学说最早于 1927 年由埃尔顿（G. A. Elton）提出，麦克阿瑟在研究岛屿地理学时将该平衡说理论进一步精确化，认为岛屿上的物种数量取决于物种迁入和灭绝速率的平衡。

以休斯敦（M. A. Huston）为代表的非平衡说认为，构成群落的物种处于不断变化之中，群落由于不断受到捕食等作用的干扰而处于一种非平衡状态。可以说，非平衡说并未将群落视为一种稳定的实体，更关注群落中物种间的相互作用。相比较而言，非平衡说采取的是一种还原论的研究策略：休斯敦认为平衡说重视种群间的竞争作用，认为竞争对群落结构产生了主要的影响，而竞争模型 Lotka-Volterra 模型所设想的稳定和封闭的环境和现实中的生态环境往往是不符的。他通过数学模型研究了干扰对群落状态的影响，其研究结果表明干扰的频率对物种组成产生重要影响，而这也正证实了中度干扰假说观点。物种模型实验的结果表明捕食而产生的干扰作用对群落的状态产生了重要作用。

群落结构的平衡说和非平衡说的争论表明，虽然平衡说更倾向于一种整体论的研究策略，而非平衡说采取的是一种还原论的研究策略，但和群落结构早期的描述性研究相比，这两种观点均将研究的重点放在群落形成的机制研究上，平衡说重视种群间的竞争作用，而非平衡说重视干扰对竞争结局的影响。

60

可以说，平衡说虽然采取的是一种本体论上的整体论，但是在认识策略上采取的却是一种还原论的立场，其仍然是一种温和的还原论。当然，生态学本体论、认识论和方法论三个层面还原论立场不同的情况很多，三个层面如何进行综合的还原将在下一章做出进一步的分析。

下面仍结合该案例就作为研究方法的方法论还原论进一步分析。两种学说在研究方法上都强调实验和模型研究，其中休斯敦进行的干扰频率实验采取的是建立数学模型的方法，这种建模的方法也是目前生态学研究广泛采取的整体论研究方法之一。但是通过建模所建立的理论往往面临一个问题，即模型即使和观测数据相符，也不能代表其正确性，因为我们无法排除其他符合观测数据的生物学假说。

生态学中的许多模型也同样面临着这样的困境，例如 Lotka-Volterra 竞争模型便越来也不能预见复杂系统的行为。另外一些关于捕食对群落结构影响的实验则采用了还原论的方法，例如部分生态学家在岩底潮间带群落中去除海星的实验，通过该实验证明了顶级食肉动物成为取决群落结构的关键种。可见，即使采取统一的还原论的研究策略，可能在研究方法上仍然会有不同。实际上，在生态学的研究中，研究方法往往不止一种，而是多种方法并用，既包含一些还原方法如 DNA 分析、光合作用测定等，也包含建立模型、数据统计分析等整体论的研究方法。

另外，有生态学家提出的单一物种方程通过年龄结构或体型大小对种群进行分类，从而来描述种群的动态变化。捕捞业中，通过这种单一物种种群模型可以实现年捕捞量的估算，但是实际情况中，关于鱼群的相关参数往往无法准确预测，而通过鱼类生活史可以使相关推测更接近实际情况。其中，通过年龄结构或体型大小来对种群进行分类，进而来描述种群的动态变化，这是一种还原的研究策略，在研究中对鱼类生活史的研究是一种整体论的研究方法。一方面采取了还原论的研究策略，另一方面采取了整体论的研究方法，这是一种方法论的弱还原论。

61

余　论

通过对三个层面的逐一分析，笔者认为强还原论和弱还原论并非是相对立的关系。针对不同的生态学的问题情境，涉及的研究对象、理论和方法可能并不尽相同。生态学的研究对象、解释特征等方面和物理学、化学不尽相同，就生态学本身而言，其各子学科的研究也有很大的不同，因此生态学的相关研究更宜采取强还原论和弱还原论需要进行相关语境的研究。笔者虽然并不持放弃强还原的立场，但却始终认为还原更应是对解释之后的一种描述，而非一种主动的逻辑建构。

将术语还原和理论还原主题研究结合起来，认识论层面的强还原论和弱还原论分别具有这样的特征：强还原论通过逻辑演绎关系实现，从而可以保证理论的客观性基础，其最终目的是实现科学的统一；弱还原论通过演替等途径实现，从而与科学事实相符，其最终目的是保证科学理论或术语的解释功能。认识论层面还原论的弱化实际上反映了一种从"演绎的还原"到"解释的还原"、从"建构性还原"到"描述性还原"的一种从形式到功能的转换趋势。即还原是对科学发展事实的一种描述，而非在先的建构。深层意义上而言，这是对逻辑经验主义试图通过逻辑分析方式来统一科学的放弃。认识论还原弱化为科学解释，也势必会面临科学解释的一系列难题，这也应该是还原论进一步研究的重点。

对强还原论和弱还原论进行区分，主旨在于促进还原论主题更加明晰，避免相关争论的进一步加剧。实际的科学研究中，不同理论间的沟通往往是复杂的。对某一自然现象或理论的还原及解释，往往是掺杂了多个学科的理论或者术语，这些理论和术语综合在一起从而对现象做出有效的解释。理论与理论、术语与术语之间并非井然有序，科学解释也并不要求理论间或术语间的可连接性或可导出性。这种认识策略正是遵循了为了解释而还原的原则，而非逻辑经验主义所追求的为了还原而还原的原则，或者为了科学的统一而还原的原则。

62

第三章

生态学实际研究中还原论的综合样态

第一节 "单一"还原还是"综合"还原？

与生态学相关的还原论问题往往不是某单一层面的问题，可能涉及本体论、认识论及方法论多个层面。不同的生态学研究可能在本体论、认识论和方法论上的还原立场及策略都不同，三个层面综合起来更能反映还原论思想对生态学研究的实际影响。

例如，生态学家关于群落的实在性长期以来一直存在争论，关于群落形成也相应有平衡说和非平衡说两种不同的观点。平衡说认为群落是一个处于不断变化着的物理环境中的稳定实体，非平衡说认为群落并不是一个实体，而是一个干扰和抗干扰的动态过程。平衡说主张通过研究种群间的竞争等相互作用来认识群落形成的机制，非平衡说更重视干扰对群落形成的影响。可以说，平衡说在本体论层面持整体论立场，非平衡说在本体论层面持还原论立场。

但是，在认识论层面，平衡说通过对种群相互作用的研究来解释群落形成的机制，这属于认识论层面的还原论立场，非平衡说将群落形成的原因追溯至生态系统的扰动，这是一种认识论层面的整体论立场。在方法论层面，两种学说均体现了多元论的立场，即整体论和还原论的综合。群落结构的形成研究表明，平衡说和非平衡说在本体论、认识论和方法论三个层面立场各不相同。

此外，奥德姆的思想也可以被视为综合还原的一个典范。奥德姆认为生态系统是一个功能整体，其被认为是典型的整体论者。但是对生态系统的研究，奥德姆强调从系统的各组成部分间的能量流动关系入手，这实际上是一种还原论的认识策略。

在研究方法上，奥德姆采取"黑箱策略"的研究方法，这属于典型的整体论的研究方法。尽管奥德姆本人也宣称自己是一个整体论者，但是其在本体论、认识论和方法论层面所采取的立场却并不一致。因此，奥德姆的这种综合策略被称为是"还原论者的整体论"，其本人也被称为是"潜还原论者"。以上生态学研究的例子表明，生态学研究中还原论的影响是比较复杂的。对于这种复杂的综合还原，需要结合生态学的实际研究进行细致的分析。

当然，综合还原并非意味着各个层面必然采取不同的还原论立场，也可能是一种相对一致的还原论立场。例如，种群生态学家对种群有两种定义，一种认为种群是同种生物个体的集合，另一种认为种群是单体生物和构件生物构成的集合，这两种定义均反映了本体论层面种群概念所蕴含的还原论思想。不仅如此，对种群数量、分布、遗传漂变和变异等的研究也表明在认识论层面研究者更倾向于下向溯因，即采取一种还原论的认识策略。对种群的定义和研究表明还原论思想在本体论和认识论层面的一致影响。

对于生态学整体论和还原论的不同立场，一方面生态学界的确存在相关争论；但是另一方面也有许多生态学家认为应该采取整体论和还原论综合的立场。

64

第二节　路伊金:激进还原论与温和还原论

对本体论、认识论和方法论三个层面进行逐一分析,其目的在于在单一层面的研究框架之下,对还原论所造成的歧义进行澄清,从而对还原论做出清晰界定,进而来回应反还原论思想的批判质疑。和单一层面的还原不同,这一章是在多层面的研究框架之下,对本体论、认识论和方法论不同层面还原论的综合样态进行讨论。那么,实际的生态学研究中体现出了哪些整体论—还原论的综合样态呢?

路伊金认为从本体论、认识论和方法论三个层面的角度出发,整体论和还原论的综合可能有多种不同的形式①。例如,激进的还原论是指本体论还原 + 认识论还原 + 方法论还原的综合还原,但实际研究中更多的是一种弱化状态:

①本体论整体论 + 认识论还原论 + 方法论整体论;

②组成还原论 + 认识论整体论 + 方法论整体论;

③组成还原 + 认识论还原论 + 方法整体;

④本体论还原论 + 认识论还原论 + 方法论整体论。

在指出存在以上多种综合形式的基础上,路伊金也表明自己的立场:本体论整体论、认识论还原论和方法论多元论的综合。

他通过两个例子来对这种综合做出进一步解读:生物学领域中将血红蛋白的波尔效应和别构效应还原为化学键等理论,生态学领域中将 Lotka-Volterra 竞争理论还原为生态位理论。

可以看出,路伊金是将激进的还原论、激进的整体论作为一个连续谱系上的两个端点:激进的还原论→温和的还原论→温和的整体论→激进的整体论。另外,贝甘迪等也提出了激进的还原

65

---

① Looijen R. C., *Holism and reductionism in biology and ecology*, Dordrecht: Kluwer Academic Publisher, 2000, p.22.

和温和的还原两种不同的形式，但仔细分析发现其对这两种还原的界定是在方法论的研究框架之下展开的，属于单一层面的还原，实质上可以划归为强还原论和弱还原论的问题范畴。这一激进还原和温和还原的界定显然和笔者的综合还原研究框架不同，指涉的问题也不同。

一 对"温和"还原论的辨析

以群落为例，本体论层面涉及的问题有：群落是否是一种生态学实体？群落是否具有突现的性质？或者群落仅仅是种群或个体的一种偶然的集合？对这些问题的不同回答也表明了争论双方不同的还原论立场。克莱门茨所提出的"机体论"认为群落是一个"超级有机体"，具有类似于个体的发育变化的过程。格里森所提出的"个体论"认为群落仅仅是离散单位的集合。

前者属于本体论上的整体论，后者属于本体论上的还原论。认识论层面，该研究主题所体现出的还原论立场可能和本体论层面并不一致。例如生态学研究中，许多生态学家承认生态群落的实体性，认为群落具有一些突现的性质如多样性和生产力等。同时，这些生态学家也往往倾向于采用一种还原论的认识策略，如通过种群间的相互作用如竞争、捕食等来解释群落层面突现的性质。

66

对于这样一种观点，路伊金认为这是一种温和的还原论：首先，生态群落的实在性或者突现的性质得到了承认，即本体论层面上的整体论立场；其次，群落层面突现出的性质可以通过种群与环境的相互作用来解释，是一种认识论上的还原论立场；方法论层面，该主题的研究体现了整体论或还原论的不同立场。这里三个层面持不同还原立场，因而是温和还原论的一种体现。路伊金对于"温和还原论"的定义实际上有两种，一种是多个层面综合起来所体现出的温和还原的态势；另一种是单一层面由于整体论和还原论的融合而呈现出的温和还原的态势，这里指的是前一种温和还原论。当然，个体论的支持者可能采取的是另一种形式的温和还原论。生态学中，对于同一主题的不同研究可能体现了不同的温和还原论形式。

另外，通过对群落相关性质的还原分析，路伊金认为这既是一种温和的还原论，也是一种温和的整体论。笔者一方面认同他的这一主张，因为以上的案例中的确涉及了本体论和认识论所采取的不同哲学立场，既可以说是温和的还原论，也可以说是温和的整体论。但另一方面却并不能因此说温和的还原论含义等同于温和的整体论，因为任何一个生态学的案例中所体现出的较为温和的还原色彩，其所蕴含的还原含义又各不相同。

二 对"激进"还原论的辨析

路伊金将本体论、认识论和方法论三个层面均持还原论的立场称为激进的还原论，反之将本体论、认识论和方法论三个层面均持整体论的立场称为激进的整体论。他认为由激进的还原论到激进的整体论是一个连续的谱系，生态学的实际研究分布在此谱系的任意一点上。即生态学研究更多的是一种温和还原的情况，而激进的还原论、激进的整体论的案例并不多见。

对于其中的激进还原论，路伊金从本体论、认识论和方法论三个层面对其含义进行了讨论。

（1）本体论层面，还原论也有激进的和温和的两种形式。激进的还原论认为物质是由最基本的粒子构成的，除此之外再没有其他任何的东西。温和的还原论认为高层次实体是由低层次实体构成，高层次的属性是由低层次属性因果决定。

（2）认识论层面，分支论强调生态学、生物学等学科不过是物理学的一个分支，进一步的生物学、生态学等理论可以还原为物理、化学等理论。

67

（3）方法论层面，还原论强调通过研究构成各个部分及部分间的相互关系来了解整体。

根据这一定义可以看出，还原论在本体论、认识论和方法论层面均有体现，但是每个层面还原论也可能有强或弱、激进或温和的区别。

为更加清晰呈现生态学还原论的复杂样态，笔者结合案例对生态学研究中所体现出的各种激进或温和还原论进行分析，例如，"平衡说"观点下群落形成研究所体现出的本体论整体论、认识论还原论和方法论还原论的立场；"非平衡说"观点下群落形成研究所体现出的温和还原论样态；集合种群建模研究中所体现出的温和还原论样态等，这些不同的形式将在各节得到逐一分析。

对多个层面的综合还原进行分析，笔者将仍遵循"描述的还原"，而非"建构的还原"的思路来展开，重在对生态学研究中的综合还原的现象进行描述式的分析，而非主动建构一种综合的还原。

当然，对不同层面的综合还原尤其是温和的还原论进行研究，不仅涉及还原论同时涉及整体论的研究主题。如果在不同层面上将还原论和整体论的综合样态进行描述，整体论也应在本体论、认识论和方法论上做出初步界定。

威尔逊从进化生态学的角度将整体论分为机械式整体论、描述性整体论和形而上整体论三种。其中机械式整体论强调多个而非单个要素对整体产生重要影响，描述性整体论关注黑箱策略等研究方法；形而上整体论认为有机体与外界环境的相互作用无法通过还原得到解释，并认为形而上的整体论在自然选择问题上表现得尤为突出。根据威尔逊的观点，形而上整体论关注竞争、进化、演替等过程所呈现的整体性，这可以归为本体论层面的问题；机械整体论强调从多个影响要素对整体做出解释，属于认识论层面的问题；描述性整体论关注黑箱策略等具体研究方法属于方法论层面的问题。在对还原论及整体论的种类和含义初步界定的基础上，可以对不同层面的综合还原样态做进一步的研究。

第三节 关于温和还原论的生态学实例及分析

一 "平衡说"蕴含的温和还原论立场

生态学的许多研究实际上呈现的都是一种温和的样态，比如对生态系统的食物链的分析，对群落结构和聚合规则的分析，对种群共存机制的分析，对演替机制的分析等。温和的还原论不仅涉及本体论、认识论和方法论三个层面的综合，而且涉及整体论和还原论的综合，最终呈现复杂多样的综合还原样态。

下面以群落结构形成的平衡说为例，对相关生态学研究所持的温和还原论立场进行分析。

在本体论层面，平衡说持整体论的立场。平衡说认为同一群落中的种群通过种间相互作用如竞争、捕食等形成一个整体，这一整体在稳定状态下其物种构成和数量都变化不大。需要注意的是，平衡说并非认为群落结构的形成中有一个确定的平衡点，而是指群落有向平衡点发展的趋势。和平衡说观点相反的是非平衡说，其关注生态群落在离开平衡点的各种变化，认为自然界并不存在所谓的平衡态。根据平衡说的观点，群落是一种趋向于平衡态的一个整体，这是一种本体论上的整体论观点。

认识论层面，平衡说强调竞争等种间相互作用对群落形成的影响，因此对群落形成的认识需要通过种间竞争关系来解释。这是一种自上而下的溯因过程，是认识论层面还原论的体现。和平衡说的观点不同，路伊金认为认识论层面有两种可能的认识策略，一种是整体论的认识策略，另一种是还原论的认识策略，应

69

该将两种策略相互结合以促进理论的解释功能。他认为可以通过两方面来解释群落的形成：其一是种群与有机体环境的相互作用如竞争、捕食等，其二是种群与无机环境如温度、气候等的相互作用。

实际上，后者是非平衡说关注的重点。根据路伊金的观点，这也是"温和还原论"的一种体现，因为前者涉及"生物要素"，因此体现的是认识论层面的整体论策略，后者涉及"非生物要素"，因此体现的是认识论层面的还原论策略，应通过对两种相互作用的研究来综合解释群落的形成。当然，这里的"温和还原论"指向了认识论层所体现出的整体论和还原论两种思想的融合。

笔者对此提出一些疑问：为什么通过研究物种或种群间的相互作用来解释群落形成体现的是整体论思想？为什么通过研究物种和无机环境的相互作用来解释是还原论思想的体现？在对群落形成的解释上，路伊金采取了这样一种认识论层面的整体论和还原论的界定方法。在种群数量的问题上，路伊金也是做出了这样的一种预设。

生态学中，种群的数量受到各种因素的综合影响，这既包含生物因素如种群间的竞争、寄生、捕食等相互作用，也包含非生物因素如气候等物理环境的影响。以博登海默为代表的气候学派强调不良气候对种群密度的影响。以尼克松、匹泰克为代表的生物学派强调物种间的各种相互作用对种群密度的影响。路伊金认为生物学派通过物种间相互作用来解释种群数量属于一种整体论的认识策略，气候学派则是属于还原论的认识策略。

在笔者看来，根据所涉及的生物要素和非生物要素来区分认识论层面的整体论和还原论的立场显然是不妥的，并不能说涉及非生物要素的就是认识论的还原论立场，而涉及生物要素的就是认识的整体论立场。因为通过组成部分的相互作用对整体进行解释是上向解释，这是一种还原论的立场。无论其中的"部分"是指涉生物要素，还是非生物要素都是部分对整体的解释，因而都是还原论的体现。

通过高层次行为来解释低层次的行为，即所谓下向解释，更多体现了整体论的研究立场。由于气候学派的观点中强调气候、温度等环境要素的影响，而这些要素并不属于作为"整体"的群落的组成部分，而是群落的高层生态单位的生态系统的组成部分，因而笔者认为这是一种通过高层次系统行为对低层次系统行为进行解释的策略，是下向解释，应该是整体论立场的体现。

生物学派强调物种间的相互作用对群落形成的解释作用，其中涉及的生物要素种群是群落的一个组成部分，可以视为是一种上向解释，体现了还原论立场。也就是说，群落形成这一研究主题认识论层面的确包含了两种策略，整体论策略和还原论策略。但是，对这两种策略的界定是以"上向解释"或"下向解释"为标准，而非以"生物要素"或"非生物要素"为标准。

认识论层面，路伊金认为应该对整体论和还原论进行综合。对于其中的还原论策略，他做了进一步的解读，这里的认识论层面所体现出的还原论思想在路伊金那里则体现的是整体论思想，这一点笔者和其观点恰好是相反的。平衡说认为群落形成的研究最终通过种间竞争关系的研究来进行解释。种间竞争关系最经典的理论或模型是 Lotka-Volterra 竞争模型。这一模型是对处于竞争关系的两个种群关系的一种描述。

路伊金认为 Lotka-Volterra 模型最终可以还原为现代生态位理论。Lotka-Volterra 模型是通过单个物种对资源利用率的不同形成一系列的竞争模型。与 Lotka-Volterra 模型相比较，生态位理论重视对机制的研究，成为当前生态学研究的一个热点领域。路伊金为实现这一理论还原，将其中的主要变量"环境容纳量"重新定义，将其定义为个体的多度或增长率对资源影响的比值，再通过聚合步骤最终完成理论间的沟通。这一理论间的还原和内格尔的桥接原理一样，实际上是通过"协调定义"的方式获得不同理论术语间的"可连接性"，进一步通过微向聚合的步骤实现理论间的沟通。通过这种逐级的还原，最终将关于群落的理论还原为种间及个体的相关理论。

岛屿生物地理理论的研究中，麦克阿瑟和威尔逊将平衡说进一步发展，认为群落的物种数量是一个常数，这取决于岛屿物种的迁入和灭绝率的平衡状态。岛屿群落的构成虽然在不断地变化，但是物种的数量却保持稳定。这一平衡理论认为岛屿面积越大，距离大陆越近，其物种数量越大；相反，岛屿面积越小，距离大陆越远，其物种数量越少，即面积和距离成为影响岛屿物种数量的两大要素。

其中，岛屿的物种与面积距离的关系获得了许多经验证据的支持。通过生态位分化及叠加等生物学机制来对数据进行拟合，结果表明其拟合度较高[①]。但是这一模型（M/W 模型）也存在一些问题，例如将面积和距离视为核心变量，忽略了其他可能的影响要素，如生境多样性、种群的扩散能力、种间的相互作用、进化的作用等的作用，也就同时忽略了除 M/W 模型之外其他的解释可能。森博洛夫（Daniel Simberloff）等人的研究表明生境对岛屿物种数量同样产生了影响。此外，该模型是基于两个假设：各物种的相对多度服从对数正态分布，这一假设很可能与实际情况不符。同时，物种—面积关系及 Sugihara 的连续分割线段模型均不涉及任何可变参量，这在一定程度上忽略了部分可能出现的情况。

72 路伊金首先认为上述 M/W 模型具有较强的整体论色彩。这基于以下几点：第一，该模型是基于对群落的解释而建立的，其中物种数量是群落的一个主要特性；第二，该模型强调对物种数量的平衡状态；第三，由"面积"可以看出该模型是将岛屿视为一个整体。

笔者对其中的第三点持不同的意见，是否将岛屿视为一个整

① 参见［美］梅《理论生态学》，陶毅等译，高等教育出版社 2010 年版，第 143 页。

体并不能成为 M/W 模型的一个证据，如群落是独立的实体还是种群的一个集合并不能证明 Lotka-Volterra 模型的整体论地位一样，反之亦然。另外，路伊金在此处对认识论整体论的界定显然与其在群落演替中的观点不一致。他认为气候学派关注无机环境对群落演替的影响，属于还原论的立场；生物学派关注种群间的相互作用对群落演替的影响，属于整体论的立场。如果以此为标准，M/W 模型所涉及岛屿面积与距离等要素，显然是属于其所认为的还原论认识策略。M/W 模型虽然无法了解群落形成的内在机制，不能对群落形成进行解释，但是能够对岛屿面积或距离与物种数量间的关系做出描述和预测，因而可以认为 M/W 模型是方法论层面上整体论的体现。

　　方法论层面，平衡说的研究体现了整体论和还原论两种立场的综合，这是一种多元论的方法论。平衡说采取建立模型的方法对种群的相互作用进行模拟，可以实现对群落形成的预测。但是这种建模的方法常常面临一些问题：首先，模型仅仅考虑到了种间的竞争作用而没考虑到其他的因素的影响，例如种内竞争作用也可能通过个体间的干涉来形成，但模型对这些机制并没有深入探讨；其次，这一模型在实验室条件下是可能的，但是在自然条件下很难达到那样的一个平衡态；另外，模型能够对系统行为做出一定的预测，并不能对已有现象做出深入的解释。因此，建模的方法由于缺乏对机制的说明，同时又很难得到经验证据的支持，受到越来越多生态学研究者的质疑。生态学家在建模的同时也运用到一些传统的包括控制实验、去除实验等在内的研究方法。这些研究方法从研究策略上注重分析而非综合，是方法论层面还原论的体现。

　　笔者认为平衡说虽然体现出的是一种本体论上的整体论，但是在认识策略上却是一种还原论的立场。因为虽然平衡说认为群落是一种实体存在，具有本体论上的整体性。但是对群落形成的认识是通过岛屿面积、距离两类要素进行解释，属于下向溯因的认识策略,因此应该视为认识论上的还原论。

路伊金认为平衡说主题的研究体现了两种认识策略——整体论策略和还原论策略,并认为这两种研究策略应该结合起来。其中,整体论的研究策略是指导性的,还原论的研究策略是具体化的。通过整体论的研究策略可以提出问题,通过还原论的研究策略可以对各要素进行更深入的分析,从而实现理论间的还原。前者是理论或模型的理想化,后者是理论或模型的具体化,应该将两种策略结合起来构成一种综合还原的认识策略。他本人也指出这种研究策略也可能面临一些问题,例如理论或模型的进一步具体化,可能涉及更多的要素,从而出现理论还原的"一对多"的现象,但也可能这就是生态学还原的特质所在。方法论层面,平衡说所采用的除了建模等整体论的研究方法外,还有重视群落形成机制的实验研究等方法,这些不同方法相互结合构成了方法论层面的多元论。综合而言,平衡说主题的研究体现了本体论层面的整体论立场,认识论层面的还原论立场以及方法论层面的多元论,这是一种典型的温和还原论。

二 "非平衡说"蕴含的温和还原论立场

生态学研究中,温和还原论除了以上所述的将研究对象视为一个整体,进行下向溯因外,还存在另外一些温和还原的研究立场。与本体论、方法论层面不同,认识论层面是一种整体论的立场。那么,这里的认识论层面的整体论含义又是什么呢?

路伊金认为认识论层面的整体论和还原论有不同的含义,整体论是指生态学各子学科的理论均有独特的解释功能,这是其他学科所无法代替的;还原论是指生态学各子学科是生物学、生态学发展而来的一些分支学科,学科理论之间具有沟通和解释的可能。前者被称为自主论,后者被称为分支论。自主论否认学科间、理论间沟通的可能,分支论认为学科间、理论间存在沟通的可能。

如果从这一角度出发来理解认识论整体论，存在一定的问题。因为自主论最初是生态学家出于对本学科地位的捍卫提出来的，并非是因为理论间无法沟通的事实。因而根据学科是否具有自主性这一判断来界定整体论和还原论显然是不妥的。

根据威尔逊的观点，认识论层面还原论强调从某单一影响要素出发对整体的变化做出解释，认识论层面的整体论强调从多个影响要素出发对整体的变化做出解释。威尔逊称这种整体论为机械整体论。笔者认为，整体论并不意味着对整体行为的解释诉诸多个要素，还原论也不意味着将整体行为诉诸某单一要素，或者说"一"和"多"并不能成为还原论和整体论的划分标准，因为无论是诉诸单一要素还是多个要素均属于下向溯因的解释，都是认识论层面的还原论。笔者认为，认识论层面的整体论关注上向溯因，认识论还原论关注下向溯因。

菲布尔曼（James K. Feibleman）主张认识论层面可以采取两种策略：根据较高层次了解研究对象的目的或功能，根据较低层次对系统的变化进行内在机制的解释①。前者是整体论的认识策略，后者是还原论的认识策略。贝甘迪认为复杂行为的研究可能涉及三个层次：通过较低层次来了解系统内在的机制，通过较高层次来了解外在的环境，如时间、空间及各种环境要素，以及通过本层次来了解研究对象对以上两个层次的影响和反馈。

但是，层次论对高层次和低层次的界定并非泾渭分明，有许多现象如进化等无法通过层次论给予解释。因此，认识论整体论应摆脱层次论的框架，从关注系统或研究对象间的功能关系入手来理解系统行为。

75

这些研究对象或者系统的组成可能处于不同的时空尺度及范围内，因此我们对复杂现象的认识还有很长一段路要走，仅通过机制来理解复杂现象是不够的，理解系统的复杂行为需要处于一

---

① Feibleman J. K., "Theory of Integrative levels", *The British Journal for the Philosophy of Science*, Vol. 5, No. 17, 1954, pp. 59 - 66.

定情境中的机制。认识论层面上的整体论并非意味着通过考察更多的影响要素，或者考察各要素间的相互作用来对系统行为进行解释，而是指一种从上而下的解释关系，或者是由下而上的溯因过程。这种解释关注整体对部分造成的影响，这种影响主要体现在系统的目的和功能的变化上。

例如，物种通过遗传漂变、扩散、竞争等对种群密度产生一定的影响，而种群的变化反过来又会影响物种的生存。当种群密度过高，食物、空间等资源匮乏，竞争加剧，将导致物种之间甚至个体间对资源的争夺，从而导致物种的灭绝或消亡。如果追溯物种灭绝或消亡的原因，除了物种间的竞争关系，还有种群密度的影响。进化生态学中，环境对于物种或种群的作用尤为明显，自然选择在物种的进化过程中起到了重要作用，有些物种通过竞争被淘汰，有些物种通过竞争得以繁衍，而有些物种通过遗传性状的改变来获得新的生存空间。总之，认识论整体论强调通过上向溯因关注整体对部分造成的影响。

基于以上对认识论整体论的分析，接下来以群落形成的非平衡说理论为例对另一种温和还原论的研究立场进行探讨。

本体论层面，20 世纪以来一直存在关于群落的机体论和个体论两种观点的争论。以克莱门茨为代表的机体论认为，群落是一个超级有机体，具有向顶级稳态演替的趋势。以格里森为代表的个体论认为，群落的构成是随机的，并没有表现出整体上的稳定性。随后，机体论逐渐被生态学家所抛弃，但关于群落具有趋向稳定状态的观点仍然存在。

这是平衡说和非平衡说的争论所在。非平衡说认为组成群落的物种始终处于变化之中，自然界中的群落不存在所谓的稳态，只存在群落抵抗外界干扰的能力，以及群落受到干扰之后恢复状态的能力，即群落的抵抗性和恢复性，这体现了该学说在本体论层面的还原论立场。

认识论层面，非平衡说重视干扰对群落形成的作用。干扰对于群落的形成具有重要作用，即使是对群落持整体论观点的克莱门茨也认为即使是最稳定的群落也处于不完全的平衡态，凡是发生次生演替的地方都受到干扰的影响。

非平衡说重视干扰对群落结构的影响，例如干扰可能造成原本呈连续状态的群落出现断层。外界环境中的随机干扰如大风、野火、雷电，以及一些人为的干扰如放牧、砍伐等行为，都可能造成群落出现断层。进一步地，断层的出现将直接影响群落多样性的构成。

康奈尔提出的中度干扰理论说明中度干扰能维持群落的高多样性。[①] 这是因为通过低频干扰如一次干扰形成的断层赋予了新物种入侵的机会，而频次过高的干扰则无法保证这些物种的持续演替，最终无法保证群落达到较高的多样性。只有中度干扰才可以使群落维持较高的多样性，而且这种干扰也可保证其他物种的入侵和定居。索萨（W. P. Sousa）的实验结果对此假说进行了验证。潮间带由于受到波浪的干扰，较小的砾石移动频次和幅度都较高，大的砾石则较低。中等尺度的砾石受到干扰的频次为中度，因而其成为中度干扰的主要指标。索萨通过二次干扰实验，结果表明小砾石仅支持早期的演替物种如绿藻、藤壶，大砾石主要支持后期的演替物种如红藻，但支持物种种类最多的是中等尺度的砾石，这和中等尺度砾石受到海浪的中度干扰有关。

休斯敦研究了不同的干扰对各种群的竞争结局产生的不同影响[②]。当环境条件稳定的时候，优势物种通过竞争排挤掉另外的物种，但这种稳定、均匀的环境往往和实际的生态环境不符，因而这种仅仅通过竞争等物种间相互作用形成群落的情况比较罕见。当外界环境出现干扰但频次较低的时候，物种之间根据干扰的不同，可能会出现不同的优势物种。由于干扰间隔时间较长，优势物种有充分时间来排挤掉其他的物种，这种情况下群落的多

---

① 转引自牛翠娟等《基础生态学》，高等教育出版社 2007 年版，第 172 页。

② 同上书，第 178 页。

样性也可能降低。

当干扰频次较频繁的时候,例如海洋中洋流的变化、水温、营养物质的流动等造成不断的干扰,条件不断变化,优势物种也随之不断变化,由于间隔时间较短,物种间的竞争无法加剧,常呈现多物种并存的局面。研究表明,干扰的频次或间隔时间对群落的抵抗性和恢复性产生影响,进而影响群落结构的形成。当干扰频次高时,群落抗干扰能力低,物种恢复慢,群落物种的构成变化快;当干扰频次低时,群落抵抗力和恢复力提高,群落构成变化慢。这一研究结果也支持了中度干扰假说,此外中度干扰假说也得到草地动物挖掘实验的支持。

群落形成的非平衡说认为,群落的形成主要取决于干扰对群落的影响,以及群落对干扰的抵抗力和恢复力。这体现了认识论层面的整体论立场。因为非平衡说实际采用了上向溯因的策略,认为群落所受到的干扰往往来自于其所处的生态系统。生态系统这一概念,最初由坦斯利提出,他认为生态系统不仅包含生物复合体,还包含外部的物理因素所构成的复合体。这一概念不仅将生物体和其外部环境视为一个功能整体,同时凸显了生态环境的重要性。其中,种群、群落无时无刻不在改变着生态系统,而生态系统也无时无刻不在影响着群落和种群的行为。对群落的干扰可以视为是生态系统这一整体对群落产生的影响。因此,从认识论层面而言,非平衡说采取的是自上而下的认识策略,体现了认识论层面的整体论思想。

方法论层面,非平衡说理论的支持者休斯敦等人用到了建模、干扰实验、观察等不同的方法。其中既采用了还原论的研究方法,也采用了部分整体论的研究方法,是一种方法论层面的多元论。

平衡说和非平衡说相比较,一方面平衡说认为群落存在朝稳态或平衡态发展的趋势,非平衡说认为不存在这一平衡态;另一方面平衡说认为种群间的竞争是群落形成的主要原因,而非平衡说则认为环境的干扰对群落的形成具有重要作用。本体论层面，平衡说持一种整体论的立场，非平衡说持还原论的立场。认识论层面，平衡说通过下向溯因呈现了一种还原的态势，而非平衡说则强调外界环境的影响持整体论的立场。非平衡说将群落形成的原因诉诸外界的干扰，这可以追溯至群落所在生态系统中的各种要素的影响，即通过较高层次的变化来解释群落的变化，这是认识论层面的整体论立场。在方法论层面，平衡说和非平衡说均采取了一种将还原论和整体论的研究方法相结合的多元论的立场。

通过以上对平衡说及非平衡说分析发现，这两种学说的研究均是围绕着同一主题展开的，也均体现了温和还原论的思想，但是与其所暗含的温和还原论思想又有所不同。温和还原论体现了生态学研究在本体论、认识论和方法论层面哲学立场的不同，那么不同层面所持的整体论或还原论立场间存在必然的关联吗？

本体论层面的还原论仅仅关注研究对象是什么的问题，对这一问题的回答并不保证必然采取还原论的认识策略。

比如，种群生态学中，种群被认为是一定时期内占据一定空间的同种生物个体的集合，或者定义为由单体生物或构件生物构成的集合，这体现了本体论层面的还原论。不同的种群在不同地区其形态、生理和行为等特征往往存在显著的差异，这些差异反映了种群面对自然选择的压力而作出的遗传反应。

进化生态学的研究中，对种群变异的选择更多采取的是一种整体论的认识策略，其更关注外部环境对种群可能造成的压力。同样，本体论和认识论所采取的哲学立场与方法论的选择不存在必然关联。对于同样的种群变异问题，研究者既可能采取一种还原论的方法论，例如通过研究种群遗传物质的组成来对种群变异做出解释，也可能通过生活史对策等整体论的方法论来进行研究，但更多的情况是将有效的还原论和整体论方法结合起来进行研究。

79

　　本体论层面哲学立场的不同，仅仅使得认识论层面所要解决的问题不同。例如平衡说认为群落是一个趋于稳态的实体，这就给认识论层面留下了需要解释的问题：这种稳态是如何形成的？非平衡说否认群落平衡态的存在，强调群落不断处于一种变化之中，同样这也给相应的认识论层面留下了问题：这种变化的原因是什么？在认识论层面，平衡说认为群落的平衡态是种群间的相互作用造成的，非平衡说认为群落的变化是干扰形成的。平衡说对种群间相互作用的关注进一步引出的问题是，竞争是如何影响群落结构的形成的。非平衡说引出的新的问题是，干扰是如何影响群落的形成的。

　　方法论层面，对这些问题的解谜过程也可能采取整体论和还原论两种选择。本体论、认识论及方法论每一个层面所体现的还原论或整体论思想，在一定程度上和其他层面联系在一起，但是不同层面的可能选择之间并不存在必然关系。

三　集合种群研究所持有的温和还原论立场

　　生态学研究还存在其他一些综合还原的形式，例如本体论还原论、认识论还原论及方法论整体论的综合还原，这种综合还原也是温和还原论的一种形式。其中，方法论层面采取整体论的立场，本体论和认识论均采取还原论立场。将方法论层面的整体论和其他层面的还原论进行综合，首先需要对方法论整体论进行初步界定。

　　如果说方法论包含作为研究策略的方法论和作为研究方法的方法论两种，那么方法论整体论也可以从这两个角度做进一步分析。

　　从生态学研究方法来进行分析，由于生态学研究方法不仅包括建模等理论方法，还包括一些具体的实验等研究方法，因此可以从理论研究方法和实验研究方法两个角度对方法论整体论展开讨论。

　　实验研究方面，生态学最初是以博物学方法为主要研究方法，这种方法重视博物学家对自然界各种现象的观察。随着生态学的学科发展，越来越多的实验方法被融合进来，其中有许多方法来源于其他学科。例如，物种生态学的发展和生态学、生理学、基因工程等学科研究方法的融合紧密相关，这些方法结合起来有力地推动了该学科向前发展。同时，生物遥测等技术在种群生态学中被运用，通过这种技术研究人员可以实现对自然条件下种群活动的监控研究。这些研究方法中有些体现了还原论思想，但有些体现了整体论思想，例如通过网络来分析食物网。网络分析涉及系统内部各个组件的相互作用，这种研究方法主要应用在传染性疾病在人和动物间的传播、互联网的结构及食物网的结构等方面的研究。

　　除了生态学的实验方法外，生态学的部分理论方法也采取了整体论的策略。奥德姆的整体论思想便体现出了这一点。奥德姆认为由于生态系统往往具有开放性和随机性等特征，因此可以通过关注系统的输入和输出来对系统行为进行一定的预测。这就是奥德姆所主张的生态学研究的"黑箱策略"。系统的输入通过一定的反馈机制使系统保持稳定或者偏离稳定。这种研究不再遵循科学研究中的物质范式，而是采取能量范式的研究方式。由于这种策略只能对系统做出预测，无法对系统内部的机制做出解释，因此可以视为一种方法论上的整体论。因此，虽然在认识论层面，奥德姆实际上采取了一种还原论的策略，但是在方法论上所持的仍然是整体论的立场。

　　以上通过各种研究方法来了解其中方法论的整体论思想。那么，生态学方法论中所采取的研究策略体现出了哪种整体论思想？福特认为渐进式综合是生态学研究的一个方法论。这种渐进式综合的方法论决定了生态学研究方法的选择。笔者认为这一"渐进式综合"的方法论体现了整体论思想，是一种作为研究策略的方法论。尽管这种综合在一定程度上并不能了解系统行为的内在机制，进而无法对生态学现象做出解释，但是不可否认的是通过综合不仅可以发现关键问题，还可以实现一定的预测。

需要注意的是，这与认识论层面的认识策略不同，两者所体现出的整体论思想存在较大差异。一方面，认识论整体论采取上向溯因的认识策略，而方法论层面的整体论所采取的是综合的研究方法；另一方面，认识论层面的整体论和方法论整体论之间也存在联系，认识论整体论对上向溯因策略的选择反映在方法论层面，可能导致方法论层面采取一种综合的研究方法。

以上是对生态学研究中方法论层面整体论思想的初步界定，接下来结合集合种群（metapopulation）的研究主题来具体分析本体论还原论、认识论还原论和方法论整体论三个层面相结合体现出的温和还原论内涵。

人们通常认为动物总生活在最有利于其生存的环境中，总是能避开不适宜生存的环境，实际上这仅仅是一种假设，通过集合种群的相关模型可以否证这一点。集合种群描述的是生境斑块中局域种群的集合。这些斑块之间既相互隔离，又可以通过个体的扩散而相互联系。

集合种群和种群、群落均不同。种群是指某时期占有一定空间的同种生物个体的集合。集合种群是源于生态学家对生境变化造成的种群的动态变化的关注，因此集合种群也被称为异质种群或复合种群，是指局域种群通过个体的迁移而连接在一起的区域种群。群落目前通常被认为是相同时间聚集在同一地段上的各物种种群的集合，也有生态学家认为群落是具有一定结构功能的生态实体。种群强调的是同种生物个体的集合，而集合种群是某一区域内各生境斑块内种群集合而成的生态学单元，因此集合种群可以说是一个种群的种群。

集合种群和群落相比较，群落更强调内部各物种间由于竞争、捕食等相互作用而形成的结构，而集合种群更关注物种内部发生的物种侵占、灭绝或者出生、死亡等所形成的动态变化过程。从层次论的角度看，集合种群可以认为是介于种群和群落之间的一个生态学单元。本体论层面，群落存在还原论和整体论的不同意见，但种群和集合种群都被赋予了明显的还原论色彩。

对集合种群的研究主要采用建模的方法，目前比较典型的是Levins 集合种群和源—汇集合种群两个模型，通过这两个模型可以推翻之前的最优生境的假设。1971 年列文斯通过建立模型的方法研究了集合种群的问题，这一模型关注种群斑块间通过繁殖和灭绝所形成的动态关系。Levins 集合种群模型通过图形描述了集合种群的侵占率和灭绝率随斑块占有率的变化规律。根据图形可以看出，部分未被侵占的斑块也是适宜种群的最佳生境，即种群所未到达的生境也可能非常适合其生存繁殖，这和人们关于动物总能避开不利于其生存的生境的预设是不一致的。

这一观点后来被一些实验所验证，例如鲍伊考特（A. E. Boycott）通过 10 年时间所做的池塘中蜗牛种群的动态研究，马歇尔（Barry Marshall）在传染病学方面所进行的实验，均表明种群对生境的选择并非趋利避害那样简单[①]。源—汇集合种群模型关注种群的异质性对生境的影响，其中种群的异质性往往以种群出生率或死亡率来表征。通过源—汇集合种群模型也可以发现物种的生存环境未必是最佳生境。

列文斯将集合种群动态所涉及的过程通过两个参量——局域种群的灭绝率和侵占率来表征。源—汇集合种群模型中，物种迁移所带来的生境的变化过程也通过两个参量得以表征——种群出生率和死亡率。集合种群生态学的研究表明，生境斑块中局域种群的侵占率越高，相对而言其灭绝率就越低。当时生境斑块之间如果空间隔离的距离过大，物种从源生境侵占空白斑块的概率将下降，从而导致这一局域物种持续缩短的时间，灭绝率上升。这

83

---

① 参见［美］梅《理论生态学》，陶毅等译，高等教育出版社 2010 年版，第 48 页。

种生境片段化将导致局域物种灭绝率的上升。

通过以上集合种群的研究可以看出，生态学研究所涉及的问题在本体论、认识论和方法论三个层面的哲学立场不尽相同。本体论层面，集合种群强调其"集合"的特性，并不关注此类种群所凸显的性质，这是本体论还原论的体现。认识论层面，集合种群的动态变化被还原为个别的参量，如侵占率或灭绝率、出生率或死亡率等，这是一种自下而上的认识策略，属于认识论层面的还原论。方法论层面，采取建立模型的研究方法，通过构建参量之间的变化关系来对集合种群的动态过程进行表征，这是方法论整体论及还原论的综合。生态学研究中有许多类似的例子，在本体论和认识论层面均采取一种还原论的研究立场或策略，但是在方法论上却采取了一种整体论的立场。

在一定程度上，整体论方法论面临着某种困境，即使模型与观测数据符合，也并不代表模型的正确性，实际上，我们无法排除其他符合观测数据的生物学假说。尽管如此，方法论层面的整体论还是得到了许多生态学家的支持。

首先，随着生态学研究尺度变大，生态系统生态学、景观生态学等学科不断发展。这些学科的研究由于尺度较大，以往的野外试验手段往往不能满足研究的需要。一些整体性的研究方法因此被运用，例如景观研究方法中包含的景观格局分析、景观模型等研究方法。这些方法可以从较大尺度上描述景观的结构及各部分间的相互关系。

另外，生态学不仅重视系统各要素的作用机制，也重视各研究对象的结构、功能及演变过程。例如，生态系统生态学的研究重视物质循环和能量流动等功能过程，景观生态学关注景观中各生态系统之间的能流、物流和物种流等景观功能或景观过程。建立模型可以表征结构、功能和过程之间的相互关系，也是预测系统变化和行为的有效工具。

生态学作为研究生物与环境相互作用的学科，也因此被赋予较强的应用价值。这些生态学理论及研究结果的实际应用过程考虑到许多方面的因素，往往更倾向于一种整体论的研究框架。例如生物保护中对集合种群模型的运用，捕捞业中对 MSY 模型的运用等。对生态学家而言，虽然对生态学中各种复杂变化的解释是重要的，但是通过整体论的研究方法却可以更明确其中的各种功能关系，从而对系统的行为进行一定的预测。正如路伊金所说，应采取一种综合还原论和整体论的策略，对整体论作为纲领性的方法论和还原论作为辅助性的方法论进行综合研究。

　　生态学中所体现出的综合还原有许多可能的形式，除了以上所讨论的温和还原论之一：本体论整体论、认识论还原论和方法论还原论；温和还原论之二：本体论还原论、认识论整体论和方法论还原论；温和还原论之三：本体论还原论、认识论还原论和方法论整体论之外，还有多种形式的综合还原，例如本体论整体论、认识论还原论和方法论整体论等。实际上，大多数的生态学研究所呈现的综合还原都是处于从激进还原论到激进的整体论之间连续谱系的某一点上。即便是对于同样的研究主题，其研究的角度不同最终也可能选择不同的研究策略。当然，也有个别的综合还原恰恰呈现出的是一种激进的样态，对于这样的还原论还需要做进一步的分析。

第四节　关于激进还原论的生态学实例及分析　85

一　"个体论"学说所蕴含的激进还原论立场

　　许多的生态学研究都体现出的是温和还原的思想，但也有一些生态学的研究无论在本体论、认识论还是方法论层面都一致呈现出还原的态势。上面已经对激进还原论含义做了初步探析，接下来结合群落相关研究主题对其中蕴含的激进还原论思想进行进一步的研究。生态学界对于群落性质有两种不同的观点，机体论学派和个体论学派。

以克莱门茨为代表的机体论学派认为群落类似于一个有机体，是客观存在的实体，其演替过程类似于有机体的发育过程。机体论学派还认为群落具有明显的边界，通常呈间断分布的状态。格里森于 1926 年在 *The individualistic concept of the plant association* 一文中对将群落比拟为有机体的机体论观点提出了质疑，并认为群落并非独立存在的实体，而是研究者为研究方便而人为确定的一组物种的集合①。这种集合并没有明显的边界，并呈连续分布的状态。下面就重点以个体论学派为例对其中的还原论思想进行分析。

在本体论层面上，个体论学派持还原论的主张，反对将群落比拟为有机体。

个体论学派对机体论学派的质疑主要指向群落不具有有机体的遗传、死亡等生命属性。在本体论上，个体论学派认为群落仅仅是空间和时间上的一个连续的系列。群落的存在一方面有赖于构成群落的种群；另一方面有赖于外部的环境，而这些环境要素是始终在变化的。因此无论是空间结构上还是时间结构上，群落都没有明显的边界，群落与群落之间是逐渐过渡的，群落也始终处于一种动态的变化之中。

二 来自"植被连续体学说"的支持

86

个体论学派的观点包含两个基本点：构成群落的种群的独立性和植物群落的连续性。个体论学派关于物种独立性和植物群落连续性的观点得到了拉曼斯基（R. G. Ramensky）和怀特海（R. H.

---

① Gleason H. A., "The Individualistic Concept of the Plant Association", in David R. Keller, ed. *The Background of Ecology*, Athens and London: The University of Georgia Press, 1985, p. 42.

Whittaker）等人的研究支持①。

1924 年拉曼斯基提出植被连续体学说，此学说认为群落是各个种群重叠分布而形成的连续体。群落连续体学说认为群落的结构并非均匀单一的，群落与群落之间不存在明显的边界，而是呈现一种连续分布的状态。从时间结构上而言，群落演替的各个阶段之间也是一种连续变化的状态。怀特海通过梯度分析等方法也证明了群落并非一个具有明显边界的实体。梯度分析方法是将区域内群落的物种组成情况和环境梯度联系起来的一种研究方法。具体而言，以植物物种的相对密度作为物种组成情况的主要指标，同时测定各个地点的海拔和干湿度作为表征环境梯度的两个指标。根据两方面的指标最终寻找环境要素的变化与群落的物种组成变化之间的关系。

通过这种方法，怀特海证实了植被连续体学说，并确立了群落演替顶级学说。怀特海提出的顶级学说也认为群落在时间和空间上都是连续存在的，不存在明显的边界。他同时认为没有任何两个物种的分布相同，每个物种都按照各自的方式生存，与周围环境发生相互作用，物种之间是相互独立的。因此，群落往往是依据环境梯度连续地依次排列，从而无法分辨出明确的边界。他的这一研究结果导致了种群独特性、群落连续性等新的群落生态学理论的产生。

从以上主题的相关研究可以看出，群落性质的个体论学派观点强调本体论层面群落的还原性质，但个体论学派对物种独立性的观点将促使他们在研究中更多关注物种或种群的特征，这是认识论还原论的体现。

进一步地，群落的本体论还原论地位将促进群落连续性、种群独立性等方面理论的发展。例如，群落结构的研究往往关注生物因素如种群间竞争、捕食等相互作用，其中对这些相互作用的

① 转引自牛翠娟等《基础生态学》，高等教育出版社 2007 年版，第 157 页。

影响又主要通过其中的关键物种或优势物种的研究来完成，也可以说这是个体论观点中种群独立性的一个体现。从方法论层面而言，个体论观点采用梯度分析和排序的方法来进行研究，两种方法均很好地体现了群落分布的连续性。就这一研究而言，本体论、认识论和方法论均反映出了各自的还原论立场，体现了某种激进还原论的思想。

在实际的生态学研究中，蕴含激进还原论或激进整体论思想的研究仍然比较少，大多数的生态学研究体现出的仍然是一种整体论和还原论结合起来的温和还原论的态势。因为任何一个生态学问题都可能涉及本体论、认识论和方法论三个层面，而这三个层面所采取的还原立场又往往不尽相同。生态学研究所涉及的本体论、认识论、方法论每个层面都可能又进一步有着不同的体现。

对于同样的本体论认识对象，在认识论层面可能采取完全不同的策略。例如，个体论学派在本体论层面认为群落仅仅是种群的一种集合，但对群落性质的认识却可能存在向上溯因和向下溯因两种不同的路径。

1987 年，针对群落演替的原因和机制，皮克特（STA Piclett）等提出了等级演替理论①。这一理论侧重对群落演替的原因进行分析，也被称为原因等级系统。这一理论包含了三个演替原因等级：最基本的原因层级涉及裸地的可利用率，物种自身对裸地的利用能力等；第二层级进一步将各项原因进行分析，例如裸地的可利用率的原因又可以通过干扰的频率等来解释，物种对裸地的利用率可以通过物种自身的繁殖能力、扩散能力等来解释；第三层级涉及以上两个层级的内部机制如物种间的相互作用等。这一演替理论既涉及群落以下物种等方面的作用影响，也考虑到较高层次生态系统等带来的干扰等影响，体现了认识论层面的整体论

① 牛翠娟等：《基础生态学》，高等教育出版社 2007 年版，第 191 页。

和还原论两种立场，属于温和还原论的一种。但由于该理论更注重下向溯因，注重分析而非综合，因此这一温和还原论中还原论色彩较之整体论更为浓厚一些。

余　论

对生态学多项研究的分析表明，三个层面所持的还原论立场可能并不一致，其间并没有明显的关联。也就是说，每个层面对还原论的体现是独立的。进一步地，每一个层面由于涉及的问题不同，也可能采取一种整体论和还原论结合的认识策略，例如路伊金认为应该将整体论作为一种指导性的认识策略，而还原论作为具体化的认识策略，有效的生态学研究应该将两种策略结合起来。

除了以上各种温和还原论之外，还有一些相对弱化的还原论。例如阿亚拉从认识论角度提出了不完全还原的观点，他认为由于认识论还原论所涉及的理论还原等从来没有完全实现，而不完全还原可以视为是一种有价值的收获。如果还原论仅仅是"描述的"还原，那么不完全还原正体现了生态学的实际研究状况。

同样的，福特提出了"完整系统还原"和"部分还原"两个概念①。其中，完整系统还原主张系统的功能可以被表达为对系统输入和少量系统输出的测量之间的简单关系。仔细分析发现，这里的"系统"指的是"生态系统"的意思，因此"完全系统还原"可以简化为"完全还原"。

对这一概念的进一步分析发现，完整还原对系统输入和输出的关注实际上与奥德姆生态系统的重要研究方法"黑箱策略"的含义一致。奥德姆的"黑箱策略"由于缺乏对内部机制的考察，仅关注

89

---

① 转引自［美］大卫·福特《生态学研究的科学方法》，肖显静等译，中国环境科学出版社 2012 年版，第 219 页。

输入和输出之间能量、营养物质的变化，实际上是一种整体论的研究方法。"部分还原"指的是当科学家认为一个系统是复杂的并且需要通过研究部分来构思出解释时进行的部分还原。

根据这一定义，可以通过"部分"来研究复杂系统，这种还原论本质上仍然是经典的还原论，而非部分还原。福特关于部分还原的三个特征的描述也并未清晰表达出其所谓的"部分"的含义。因此，福特对"完整系统还原"和"部分还原"的定义并不严谨。但不可否认，这两个概念对理解生态学研究中的还原论提出了一种新的思路。路伊金也认为很少有成功的还原是完全的还原，大多是部分还原，物理理论的还原亦是如此，会残留下一些不可还原的余项。许多的理论只是部分被还原，例如与波尔现象相关的理论被还原为化学键理论，只有其中有关血红蛋白这个应用域的理论被还原。实际上，这个理论的应用域非常宽广，被还原的只是该应用域中的相关理论，而这个范围远小于理论上可完全被还原的范围。可能随着时间的推移，这些还原最终能够实现，但目前而言，科学研究的进程所体现出的只是部分还原而非完全还原。当然，即使某个理论具备完全还原的条件，但其可能也有着次级理论所无法实现的对经验现象更为直接有效的表征功能，而且将思维、情感等高层现象完全还原为基本粒子不仅没有必要，也是不现实的。

第四章

生态学理论还原的解释性转向

就认识论层面而言，传统的还原论主要关注理论还原和术语还原两大主题。由于传统还原论以"科学的统一"为目标，因此只强调理论与理论、术语与术语间的还原，并主张采取逻辑演绎的形式实现理论的还原，主张以"同义性"或"单向衍推分析"等实现术语的还原。为了还原而建构的还原，只不过是实现"科学统一"目标的工具。从实际研究的需要出发，使还原论发挥应有的促进解释的功能，是还原论发展的主要趋势。这里为"促进解释"而还原，是一种解释性还原，不仅包含了一个术语对另一个术语，或者一个理论对另一个理论的解释作用，作为生态学研究的主要对象：各种生态学现象，也应该成为这一解释性还原的一大主题。因此，本章将对术语还原、理论还原及现象的解释性还原三个主题分别进行具体还原路径的分析。

生态学理论的还原需要结合生态学的理论特征进行分析，在此基础之上，结合案例分析生态学理论还原的具体路径，并侧重考察理论间关系的各种样态。例如，描述单个种群增长的逻辑斯蒂方程（logistic 模型，又称阻滞方程）与描述种间竞争的 lotka-volterra 模型是什么关系？后者与现代生态位理论又存在什么关系？

与术语还原和理论还原主题不同，对现象的解释性还原包含一些新的需要深入分析的问题，例如什么是解释性还原？解释与还原具有什么关系？各种生态学现象如何实现解释性还原，为什么种群竞争总呈现一定的周期性等问题。

那么，生态学的现象、术语及理论的还原这三个主题具有什么关系呢？一方面，各种现象、术语及理论的还原是异质的。术语的还原强调一个术语如何与另一个术语通约。理论的还原则关注理论间的关系问题。生态学现象的还原实际上是对现象背后作用机制的分析，进而对现象作出解释。另一方面，生态学的现象、术语及理论还原是密不可分的。实际的生态学研究关注"为什么"的问题，这不仅仅是对自然现象的关注，同时还涉及概念和理论的运用。可以说，解释的对象不仅仅是现象本身，更是通过语言描述之下的现象。以演绎—律则解释为例，亨普尔认为其不仅仅可以用来解释某种现象。当某些定律可以从更一般的规律中导出时，这些定律之间也呈现出演绎—律则的解释样态，即生态学解释的对象既可能是生态现象，也可能是某生态学理论或概念。从某种程度而言，如果一个理论实现了对另一个理论的解释，那么也就体现了还原论的功能弱化，因此本质上可以视为一种解释性的还原。

第一节　生态学术语的"可连接性"

相对现象或理论的还原，术语还原具有一定的特殊性。术语一方面指向了一定的实体、过程或属性，具有本体论意蕴；另一方面术语是一种语言形式，具有认识论意义。可以说，谈到术语还原的问题，就不单纯是一个认识论层面的问题。

一　术语间的可通约性

根据传统还原论的观点，术语还原可能通过"同义性"（synonymy）或"单向衍推分析"（one-way analytical entailment）来实现。这种还原强调两个术语间的"同义性"，或者强调两个术语之间演绎推理的可能性。问题在于对指称不同的两个术语，含义通常是不同的。例如，"水"与"H_2O"，两者指称和含义都不同。其次，即便是指称一样的两个术语，其含义也不可能相同。例如"晨星"与"暮星"指称一样，但含义却不同，因此这种"同义性"还原是不可能的。可见，无论术语的指称是否一样，均无法通过"同义性"获得还原。

以内格尔的理论还原为框架，生态学不同理论术语间是否存在这种连接或者通约的可能性呢？

首先，就"同义性"而言，有些生态学术语间含义的确相关，例如生态学"尺度"可以通过相应的可感知特征"大的"或"小的"空间，"长的"或"短的"时间等来解释，以及在景观生态学的研究中，"尺度"也可以通过"粒度""空间分辨率""覆盖率"等来解释，但并不能说第一层意义上的"尺度"与第二层意义上理解的"尺度"是同义的。

同样的，通过术语间的"单向衍推分析"来实现某种意义上的沟通是不可能的，因为在术语间谈论逻辑衍推无疑是荒谬的。除了这种术语的连接方式之外，内格尔还提到另外两种术语的连接方式：协调定义和经验事实。相对以上两种还原途径而言，这是一种弱的术语还原，只强调意义的部分可通约性。这种弱的术语还原如何可能，可以结合生态学术语进行分析。

93

生态学术语的通约可以初步分为两种不同的情况：相同术语的通约问题和不同术语的通约问题。其中，相同术语主要指不同理论中的相同术语。例如种群生态学中的"种群"与进化生态学中的"种群"如何通约，或者早期生态学的"群落"与现代生态学的"群落"如何通约等。无论是相同术语或者不同术语，均存在两种通约的可能性：一种是以实在论为前提的共指称的通约途径，另一种是通过协调定义和经验事实的通约方式。

（一）通过"共指称"关系获得术语间的通约

基于共指称关系不同的术语可以实现通约，这是普特南和克里普克所提出的因果指称理论（causal theory of reference）的观点①。根据因果指称理论，专名的指称有一个命名、传播的过程。通过最初的命名仪式，名称被指派给了某一对象。随着时间的推移，这一指称被不断传播和使用，其含义可能发生丰富、丢失或变化，但无论含义发生怎样的变化其指称的仍为同一对象，根据这种时间尺度上的共指称关系，术语可以获得部分的通约。

那么，生态学术语的沟通能否用因果指称理论来进行分析呢？首先，普特南和克里普克最初是在专名的基础上提出因果指称理论，即专名的意义可能随时间发生变化，但是由于其指称对象的一致，因而能够获得部分的通约。根据语言哲学的观点，名称通常分为专名和通名两种。

其中，专名的指称为某个体，通名的指称为某一类别。例如，生态学中的"三峡地区"是专名，而"自然保护区"则为通名。自然科学的研究中，作为术语出现的名称通常为通名，个别在研究中被频繁使用的专名也被收录为术语。生态学的术语例如种群、群落、生态系统等大部分为通名，且有部分术语例如多样性等，其既不指向某单一个体，也不指向某一类别，而是指向了某种属性。除此之外，生态学术语中有大部分的术语指向某些过程，例如迁徙、冬眠，前者表征了生态学主体地理尺度上的变化过程，而后者表征了生态学主体在时间尺度上的变化过程。

这是否说明生态学术语无法通过这一途径实现通约呢？分析发现，尽管该理论最初被用来解决专名的通约问题，但普特南却使用了一些通名来说明该理论。例如"电"这一概念的变化等。显然"电"是一个理论术语，同时又是一个通名，世界上并不存

94

---

① Putnam H. , "Explanation and Reference", in Sellars W, ed. *Conceptual Change*, Dordrecht: Springer Netherlands, 1973, p. 199.

在独一无二的"电"的个体。尽管通名的指称不是某一具体对象，但这些术语的确存在命名、传播、使用的一个过程。因此，因果指称理论也应该适用于大部分为通名的理论术语的通约。

生态学术语方面，以机体论对群落的定义为例，其含义先后有"（植物）个体的序列""具有一定形态特征的植物群体""（植物）物种的集合"等，分别对应了"association""formation""community"三个术语①。其中，association 强调其具有一定内部结构，并取决于各种群的比例、优势物种或丰度等要素；formation 侧重群落的形态、功能等特征；community 突出群落的整体性。虽然这些术语不同且含义也不同，但由于其指称的对象一致，均为由于种群的相互作用而形成具有一定内在结构的生态学单位，因此这些术语可以获得部分的通约。

（二）生态学术语还原的实在论前提

以群落为例，机体论认为群落是一个类似于有机体一样存在的实体，个体论认为群落是物种或种群的集合。这两种观点的主要分歧是群落是否是一种实在，或者说，群落是哪一种实在？这实际上是一种实在论和反实在论的争论。根据个体论的观点，群落仅仅是物种或种群的集合。那么，对群落的研究可以通过相应种群来得到完全的解释，但实际的研究结果并非如此。例如，对高山植物群落结构分布进行研究，发现其存在自上而下的"针叶林—阔叶林—热带雨林"的垂直分布结构。这一结构的形成不仅是各植物种群或物种作用的结果，其形成也受到了高山气候、植物种群的竞争、群落演替等多方面的影响。根据机体论的观点，群落是一个不可还原的实体。可见，无论个体论还是机体论，都不能否认生态学术语所指向的某实体、过程或属性。这些实体、过程及属性被冠以某一概念或术语的时候，实际上已经被视为是

95

---

① Saarinen E. ed., *Conceptual Issues in Ecology*, Dordrecht: Springer Netherlands, 1982, p. 26.

"一个"实体、过程或属性。可以说，这些实体、过程或属性的术语本身便具有一定实在论的色彩。

如果说术语均指向了某种或某类实在，进一步地如何理解生态学的这种实在呢？根据群落等概念可以看出，相关争论主要是围绕术语指称对象的内部结构。例如，机体论虽然认为群落并非种群的简单集合，但是也并不否认种群对群落所起到的作用。个体论则主张群落仅仅是种群的简单集合。这两种观点的分歧在于各种群是如何集合的，即种群的关系及相互作用如何。除此之外，另一类生态学术语主要表征了生态学的各种过程和属性，例如竞争、捕食、多样性等。这些术语也同样涉及各物种、种群或群落及环境要素的相互作用，以及在这种相互作用基础之上形成的各种关系。因此，对于生态学术语所指称的对象，可以用关系实在论或相互作用实在论来进行尝试性解读。关系实在论将个体或各子集间的关系作为实在的标准，相互作用实在论以各子集间的相互作用作为实在的基础，这些观点都可以给生态学术语指称对象的实在性提供辩护。基于这种实在性，部分术语可以通过共指称关系实现通约。

(三) 通过"协调定义"实现术语的通约

有些生态学术语是通过协调定义（coordinating definition）的方式获得连接。例如生态学中，群落被视为相同时间聚集在同一地段上的物种种群的集合。这种典型的协调定义包含两个方面。

一方面，群落是种群的集合，种群是群落的子集。就群落内部而言，各子集处于相同的时间与地理区域。同样的，因为有部分种群不属于该群落，所以群落是种群集合的一个子集。

另一方面，这种协调定义的方式与专名一样，需要通过某命名仪式将两个术语连接起来。生态学中，协调定义的例子有很多。例如，种群由具有相同基因型的单体生物或构件生物构成。通过这一协调定义，种群与单体生物、构件生物这些术语通过相同基因型这一属性得以连接。进一步地，这些协调定义仍然是基于一定的观察或者测量，从而可以对其属性进行认定。此外，生态学术语也常常通过经验事实的方式实现连接。例如捕食被定义为生物摄取其他生物个体的全部或部分为食物。这些术语意义的获得，不仅仅包含最初的命名，还包含了相应的观察以及相关事实的发现。

因此，生态学术语不仅仅通过命名、定义等方式进行连接，这种连接首先以一定的观察事实为基础，否则毫无关联的两个对象也始终不可能联系起来。在此基础上，对现象的观察、分类及操作确定了一个术语与其他术语的关系，并通过协调定义的方式进行命名，从而实现了不同术语间的连接。同时，对术语关系的分析往往需要从指称的对象、定义或命名、对象间的关系等各个方面进行考察。另外，有些生态学术语则是理论研究的产物，例如出生率、环境容纳量、营养级等。这些理论术语间的沟通则主要体现在理论的构建和发展中。

第二节　生态学理论还原的可能性

自 1840 年海克尔提出生态学这一概念以来，该学科由一门定性为主的学科逐渐发展为一门定量为主的学科。比较不同时期的生态学理论，可以发现随着研究方法的提高，生态学理论本身在不同时期也具有不同的样态。例如，达尔文时期进化理论的核心是"物竞天择，适者生存"，但现代进化理论认为种群是进化的基本单位，可以通过种群基因频率的变化来研究进化现象。早期的理论研究方法主要是经验描述，注重观察、比较与记录有机体外部形态的变化，并在此基础上解释现象。现代的生态学理论重视数学工具的运用，通过量化的方法来揭示各要素之间的关系，从而对生态学现象或过程进行解释。例如，1967 年由麦克阿瑟和威尔逊提出的岛屿生物地理学理论认为，岛屿上的物种数量主要取决于物种迁入率与灭绝率。本书侧重对现代生态学理论的还原问题进行研究。

一 生态学理论的"可导出性"

根据传统还原论的观点，理论还原是指如何将一个理论还原为另一个理论。生态学的理论之间，或者生态学理论与生物学理论之间能否实现这样的还原呢？如果存在这样的可能，又是通过什么样的途径实现这一理论还原呢？根据内格尔对理论还原的观点，一个理论是通过逻辑演绎的方式被还原为另一个理论的。

笔者认为对生态学而言，其理论间并不具备以上"可导出性"条件，理由如下。

（1）作为"可导出性"的前提，生态学理论词语间仅具有部分的"可连接性"或"可通约性"，无法保证一个理论能够完全通过"逻辑导出"为另一个理论，而忽略不同语词含义所指的不同，毕竟理论语词是构成形式化理论的基本单元。

（2）不同生态学理论指涉不同的经验事实，且这些经验事实极其复杂多样，如果剥离掉具体的理论情境，而试图建立不同理论间的纯形式连接，这对生态学而言显然是无法实现的。

（3）在 Nagel-Schaffer 还原框架下，"理论"被认为是包含科学规律的、由一阶形式语言构成的陈述系统。但是，生态学缺乏这样的形式化体系。当前的生态学还没有可以通过"一阶谓词所构建的公理化系统"来表征的理论。

对于第三点，可以做进一步的分析。

自 1840 年海克尔提出"生态学"一词开始，这一学科便不断经历着方法论上的变革。早期的生态学家更主张采取博物学等方法，对自然界各物种、种群间的关系进行经验性的描摹。20 世纪 50 年代以来，生态学的研究方法也逐渐采取了数学等方式对生物和环境的关系进行定量说明。其中，生态学模型成为最主要的生态学研究方法之一。

现代生态理论的核心是基于经验观察和生态假说的数学建模，通过建立模型来反映种群或群落间的相互作用。例如，有一种蜂类，通过将自己的卵寄生在一种昆虫的伤口上并进行孵化，随着幼蜂的发育寄主昆虫被杀死。可以通过构建模型来对这种寄生关系进行研究。首先，可以提出一种假说[①]：如果这种昆虫的所有个体都被寄生，每代的寄生蜂的数量是 P_t，昆虫的数量为 H_t。同时，每个蜂卵都顺利发育为寄生蜂，而每只昆虫的卵的数量为 n。根据这个假说，可以用数学方程来表达这一寄生关系：$H_t = P_t + 1 + (H_t + 1)/n$。进一步地，可以推导出 $H_t + 1 = nH_t^e - aP_t$。如果昆虫未被寄生，那么 $P_t = 0$，$P_t + 1 = 0$，$H_t = H_t + 1/n$。由此可以推导出 $H_t + 1 = n \cdot H_t$。综合以上两个方程可以得到 $P_t + 1 = H_t (1 - e - ap_t)$，说明上一代寄主和寄生蜂会影响下一代寄主的数量。

生态学研究中，数学建模使得假说更为清晰和公式化。从以上案例可以看出，建立假说的第一步是找出相关变量，这些变量可能分为自变量和因变量两种。通过数学方法及相关软件，可以确定自变量与因变量的关系。但是根据这样的假说可能产生多个模型，因此应该对假说进行精确的说明，以保证假说与模型之间的一一对应关系。

可以发现，不同的生态学理论模型的确可以通过变量得以连接，可能存在不同的连接机制。一个假说对应的可能是一个有效模型，而一个假说又可能包含一系列的连续假说，根据这些假说可以建立一系列的模型。同时，由于模型是以一定的假说为基础，这就无法排除其他有效假说的可能性。因此，生态学中对于假说的选择也是当前研究的热点问题。生态学研究中最初是通过"零假说"来

99

---

① John Dupre, *The Disorder of Things: Metaphysical Foundations of the Disunity of Science*, Cambridge: Harvard University Press, 1993, p. 25.

进行模型的筛选，如果零假说被排除，那么相应的假说才成立。其中，零假说验证往往涉及统计学上的置信度与置信区间等指标。但是也可能出现多个竞争假说均可以通过零假说的验证筛选，而目前对竞争性假说的筛选主要有 likelihood ratio tests 或 F-tests 等方法。此外，如果有几个模型获得的统计学支持差不多，那么可以利用"模型均化"（model averaging）的方法来解决这个问题。

此外，生态学理论往往表征某种统计规律。这种统计规律虽然也呈现了自然世界的某种规则性，但是在这种规则性之外却总能发现反例，进一步地无法保证其普遍适用性。尽管有些生态学家例如莫里（Murray）等认为生态学是存在普遍规律的，但通过目前量化的方法所得到的结果尚未表明这种可能性[①]。当然，如果存在对复杂性问题足够有效的研究方法，那么生态学中普遍规律的发现也许是指日可待的。因此，生态学理论的特征无法保证通过逻辑演绎实现还原的可能性。

二　生态学理论模型的"可导出性"

那么，作为生态学理论的重要载体，各理论模型之间是否存在逻辑可导出性呢？对于这一问题，可以生态学的两大经典理论模型——"岛屿生物地理理论"和"中性群落理论"的关系为例进行分析。

1967 年麦克阿瑟和威尔逊在《岛屿生物地理理论》一书中阐释了岛屿的物种与面积的关系，$S = cA^z$。其中，S 为岛屿所包含的物种数，A 为岛屿面积（此处的岛屿是一种广义的岛屿，除了自然岛屿，一些隔离度较高的自然区域也属于此类范畴），c 为尺度参数，z 为指数（其取值一般为 0.2—0.3）。

这一物种—面积关系仅仅是一个理想的模型，其假设前提中

① Murray B. G., "Universal Laws and Predictive Theory in Ecology and Evolution", *Oikos*, Vol. 89, No. 2, 2000, pp. 403 – 408.

有两点：各物种的相对多度服从正态分布，属于同一单位的物种个体数目的总和与岛屿的面积成正比。但是其中标准对数正态分布又可能分为几种不同的情况，该模型并未对这些细节进行限定。随后，先后有梅（1975）、哈特（1999）等人分别对这一理想模型的各种特殊条件进行了研究。2001 年哈勃等人通过对印度、巴拿马、泰国、马来西亚等国的 5 个面积为 50hm^2 的样地进行热带雨林木本植物多样性的研究，结合哈特等人的研究成果，这 5 个样地的物种—面积关系曲线非常相似，并得到方程 $S = cA^z exp\ (-kA)$，其中 k 为新增加的参数，其与物种的多样性有关，并在此基础上提出了中性理论。可以说，岛屿生物地理理论是中性群落生态学理论的前身。

根据这一案例可以发现，不同的生态学理论模型通过变量得以连接，可能存在几种不同的情况。首先两种理论模型可能具有相同的自变量与因变量，但参数不同。这样的两个模型往往关注的问题一样，但其中一个模型对自变量与因变量的复杂关系进行了统计学上的更具体分析。随着对内部机制不断深入的研究，从最初的简单模型可以派生出一系列的模型。例如考虑无结构的种群增长率，假设种群大小为 N_0，那么经过 t 个单位时间后，种群大小为 $Nt = N_0 exp\ [rt]$。其中，r 为增长系数。

进一步考虑具有一定连续结构的种群，生态学家通过矩阵、积分方程及差微分方程的方法得出模型：$dN_t/d_t = r\ (N_{t-\lambda})\ N_t$[①]。其中 λ 为单位世代的时滞。同时，由于对模型进一步研究的角度不同，同一模型可以进一步派生出多个模型。两个理论模型可能具有相同的因变量与不同的自变量，或者具有相同的自变量与不同的因变量。这样的模型沟通的唯一桥梁是相同的变量。例如分析种群增长率与资源的关系可以判断其是否为此种群的资源，其动态方程为：

101

---

①　以上案例参见［美］梅《理论生态学》，陶毅等译，高等教育出版社 2010 年版，第 150 页。

$$dB_i/d_t = f_i (R) B_i - m_i B_i$$

根据各物种对资源量大小（R^*）的取值可以预测竞争结果。对植物物种而言，R^*值受到其生长率、吸收率及衰老率等多个变量的影响。

与前一模型类似，此模型 $R^* = \dfrac{rhk(c+sq)}{v(r-c-s)-rh(c+sq)}$

说明竞争力最强的物种具有最低的 R^* 值。两个模型对 R^* 值的研究尽管角度不同，前一模型从资源的增长率与损耗率来预测竞争结果，后一模型从物种的营养摄入与转化角度来预测竞争结果，但是通过资源量大小这一变量，两个方程得以连接。

生态学研究中，通过以变量的桥接可以实现理论的深入和丰富。例如，岛屿生物地理学理论不仅考虑到物种的迁入率和灭绝率，还考虑到岛屿的大小、形状及隔离程度等，其中运用的理论不仅有生态学理论，还涉及地理学、生物学等理论。这些理论与岛屿生物地理理论通过部分术语或变量进行连接，从而对某现象做出更为深入和具体的解释。也存在这样的情况，即两个理论研究主题不同，且完全不涉及共同的参数，而对这样的理论间的可连接性的讨论则是没有意义的。通过一个共同的变量，两个不同的理论得以实现沟通。通过多个连续变量，最终可以实现不同理论间的沟通。由于各个理论的问题情境不同，相应地，变量的连接也需要对相关条件进行说明。

102

以上分析可以表明，不同理论模型间的确可以通过相同的变量实现连接。那么，这种理论模型间的连接是否就是内格尔所指的那种"可导出性"呢？或者说，这种连接是否就表明了生态学理论还原的实现呢？笔者对此持怀疑态度。

首先，如果一个模型通过引入新的参数派生出新的模型，那么这两个模型固然仅存在参数的不同，却保有了共同的自变量及因变量，但是这种参数的引入本身就表明了模型间逻辑的不对称性。除非初始模型可以对新参数的含义做出完全的说明，但是如果这种说明可以实现，这又表明了引入新参数是多余的。

其次，如果两个模型具有相同的变量，同时各自又有不同的余项，那么远不能说明两个理论模型间是逻辑导出关系。如果因为多个理论中包含了同一语词，就认为这些理论间具有逻辑关系，且具有严格的逻辑导出关系，这无疑是荒谬的。

另外，即便不同模型指涉相同的变量，但是可能含义不同，从而无法满足"可连接性"条件。

以上分析以中性理论等经典生态学理论模型为例，但是更多的生态学模型还面临着与经验不符的困境。由于生态学研究尺度大、实验可重复性差，对其理论模型的检验多通过统计学方法来进行，无法保证模型对经验说明的有效性。从某种程度上也反映了当前的生态学理论仍然是不够成熟的。

因此，无论形式方面，还是非形式方面，通过逻辑导出实现生态学的理论还尚不具备相应条件。或者说，生态学并不能实现 Nagel-Schaffer 所指向的那种理论还原。在其他自然科学领域这一还原模型困难重重，在生态学领域更是难以实现。

第三节　生态学解释性还原

一　什么是解释性还原？

科学哲学领域，解释性还原（explanatory reduction）逐渐取代理论还原，成为还原论者的新主张。以内格尔的理论还原为代表的还原论遭到种种质疑，那么，作为弱化策略的解释性还原是否可能呢？生态学理论能否实现解释性还原呢？或者说，生态学可以实现哪一种意义上的"解释性还原"呢？这首先需要对"解释性还原"的概念进行澄清和界定。

自 20 世纪 70 年代以来，科学哲学界关于"解释性还原"有多种版本，例如萨卡尔（S. Sarkar）主张通过"低层次属性的陈述"来解释"较高层次属性的陈述"①；罗森博格（A. Rosenberg）关注"如何可能"的功能解释能否被还原为"为何必然"的近因解释②；沃特斯（C. K. Waters）基于操作主义的立场，认为通过方法的渗透可以实现对高层理论的解释性还原等③。

以上还原论者观点迥异，但基本立场一致。

第一，通过解释实现还原；第二，强调由高到低的还原方向。

这既指涉"解释"和"还原"的关系，又指涉"解释性还原"和"理论还原"两类还原的关系。

对于前一种关系，解释性还原强调解释作为还原的基础和前提。尽管解释和还原的关系微妙，但是解释并不等同于还原。科学解释可能包含上向解释和下向解释，而解释性还原仅仅强调通过上向解释实现还原。

对于后一种关系：一方面这两类还原具有一致性，即均为低层次对高层次的还原；另一方面，两类还原也有不同。理论还原以形式化理论为基底，而解释性还原不仅借助于形式化的理论，且通过实验操作、概念图示等多种形式促进说明；理论还原强调不同理论间的逻辑推演，解释性还原强调不同层次的解释关系；理论还原仅具有"原则上"的可能性，解释性还原则是现实可能的。总之，解释性还原是一种弱化的还原论。

从传统还原论的发展来看，后期对"科学统一"目标的放弃，已经揭示了还原论的功能弱化趋势：为了促进解释而还原。这是一种功能上的弱化。维姆赛特的演替还原也被视为是一种

104

---

① 转引自斯坦福哲学百科全书 Brigandt, Ingo and Love, Alan, "Reductionism in Biology", *The Stanford Encyclopedia of Philosophy*（Spring 2017 Edition）, Edward N. Zalta（ed.）, https://plato. stanford. edu/archives/spr2017/entries/reduction-biology/.

② 参看王巍、张明君《"如何可能"与"为何必然"——对罗森伯格的达尔文式还原论评析》，《自然辩证法研究》2015 年第 8 期。

③ Waters C. K., Beyond Theoretical Reduction and Layer-Cake Antireduction: How DNA Retooled Genetics and transformed Biological Practice, in M. Ruse. ed., *The Oxford Handbook of Philosophy of Biology*, New York: Oxford University Press, 2008, p. 238.

还原的弱化，其以理论还原为主题，认为理论是通过演替的形式实现了一种"还原性解释"。无论是解释性还原，还是还原性解释，都是从还原和解释两者的关系中生发出来的，都是还原论功能弱化的一种体现。因此，这部分笔者对生态学解释进行了初步的梳理。

二　如何认识生态学现象的"复杂性"？

一般的观点认为生态学是研究有机体和环境相互作用的学科，其研究对象具有复杂性的特征。这种复杂性观点的形成大概有如下几个原因。首先，生态学现象所涉及的研究对象不仅包含个体、种群、群落等有机因子，还涉及光照、水分、温度等无机物质环境。以动物对生境的选择为例，其可能受到同一种群内部的竞争或种群与种群间竞争的影响，也可能受到食物及资源分布等的影响。其次，生态学现象不仅涉及一定的空间尺度，也涉及一定的时间尺度。例如，植物群落的演替往往呈现一定的时间周期性，但是这一演替随着时间的变化也呈现不同的地域分布特征。因此，对这种复杂生态现象的研究往往采取定性研究和定量研究相结合的方式进行，注重对质流、能量流及信息流的分析，形成食物链、生态位等理论。人们也通常认为生态学较之个体生物学等其他学科更为复杂。

综观各学科领域的研究，复杂性特征并非生态学现象所独有的，例如量子力学中多粒子体系所呈现出的复杂性特征，分子生物学中基因序列的复杂性等均表明复杂性现象并非只是突现于生态学世界中，而是始终伴随着自然科学各个领域的研究。只不过和物理、化学等学科相比较，一方面生态学现象往往具有更大的空间尺度或时间尺度，而这些尺度往往超越了人类的观察或测量尺度的限度，从而导致对生态学现象进行研究的可控性、重复性低；另一方面，生态学研究很难发现具有普适性的规律，

105

但也可能是由于一些"复杂性"的规律尚没有被发现。可以说，生态学现象的复杂性仅仅是一种经验判断。这种经验判断造成了对生态学研究的复杂性的预设。

那么，生态学的复杂现象能否被彻底认识呢？即这种复杂的生态学现象最终能否被人类所认识呢？假如存在这样的可能性，即如果这种复杂性最终可以被人类所认识，其仅仅是超越了人类当前的认识能力，那么随着科学的发展，这些复杂现象将得以穷尽和逐一解决。如果这种复杂现象最终也不能被正确认识，那么与复杂性相关问题的解决仍有赖于形而上层的分析。生态学现象的复杂性是相对于传统物理学、化学等学科的简单性而言的，而复杂性在现代物理学等学科中也正成为人们关注的对象。这种由简单性到复杂性的转变，正反映了现代科学研究范式的根本转变。当然对这一生态学属性的界定还有赖于"复杂性"概念的成熟界定。

三　生态学的问题形式

生态学的解释具有多种问题形式，有些是"What"类型，例如种群是什么？什么因素决定了群落中各种群的大小？有些问题是"How"类型，例如生态位是如何分化的？还有一些属于"Why"类型，例如为什么群落具有这样的结构特征？为什么有些种群的大小相对稳定，而有些则波动较大？通常传统的科学解释更关注"Why"问题，这些问题被认为是对现象背后原因的追问，属于科学解释关注的对象。同时，科学解释中的"Why"问题多指向经验科学中的相应问题，对于非经验科学例如数学中的"Why"问题则并不关注。生态学领域中，有些问题虽然不是以"Why"的形式出现，却也是对原因的追问，属于科学解释的问题。例如，生态位如何进行分化？食物链如何实现营养及能量的传递？而有些具有"Why"形式的问题实际上并非是科学解释的问题，例如为什么动物不能与人享有平等的权利？这些问题本身并不要求科学解释，更多地包含了一种伦理诉求①。

四　生态学解释的形式分析

生态学是一门研究有机体和环境相互作用的学科。通常而言，环境要素既包含无机要素如空气、水、温度、光照等，同时也包含有机要素如其他的个体生物、种群或群落等。通过有机体与不同要素的相互作用，最终呈现出复杂多样的生态学现象。可以说，生态学是一门具有典型复杂性特征的自然科学。对于这样的一门学科，有人认为生态学并不存在"普遍规律"，但也有人认为生态学至少存在"统计规律"或者"随机规律"。

如果生态学不存在普遍规律，或者生态学仅存在所谓随机规律的话，生态学现象又如何得以说明或解释？当前的实际研究中对生态学现象的解释形式究竟如何？这种生态学解释能否真正对现象背后的因果结构做出一种准确刻画？或者仅仅是对相关性的一种描摹？生态学复杂现象背后存在怎样的一种因果关联？一般科学哲学中，科学解释方面大概有演绎—律则、归纳—统计、统计相关性、模式论及语境论等多种形式，那么生态学研究主要采取了什么样的解释形式？其解释的有效性如何？这些问题是生态学解释的基本问题。

对生态学现象的解释性还原的形式分析，实质上就是对其解释形式的分析，这一点可以结合科学解释的相关理论观点来展开。不同解释样态由不同的陈述句及结构构成，对各种解释的判定具有各自不同的标准。生态学研究一方面主要采取了统计相关性及模式论的解释形式；另一方面各种解释形式呈综合运用的态势。生态学研究之所以存在这种解释样态，以及这些解释如何综

107

① Salmon W. C. , "Scientific Explanation：Causation and Unification", *Critica：Revista Hispanoamericana de Filosofia*, Vol. 22, No. 66, 1990, p. 3.

合作用，这些问题是需要进一步探讨的。

科学解释包含三个基本要素：解释项、被解释项与解释形式。其中，被解释项指涉需要解释的对象。生态学关注的是有机体与环境要素间的关系，这种关系可以呈现为这样的一种现象"变量 A 呈现某种变化趋势，变量 B 呈现另一种变化趋势"，因此"变量 A 与变量 B 之间的关系"成为生态学解释的对象。实际的情况中，生态学家仅能够观察到单个变量的变化趋势，例如早在1789 年，怀特在《塞尔彭自然史》中便描述了这样的一种现象："最令我感到惊奇的是，它们（雨燕）的数量一直不变……我总能观察到 8 对雨燕，其中一半将巢筑在教堂中，另一半则选择低矮破烂的房屋……" 200 多年后塞尔彭地区的生态环境已经发生了很大变化，但 1983 年劳丹和梅的研究表明该地区的雨燕数量并未发生大的变化。根据这些现象，我们可能产生这样的疑问：什么决定了种群的数量？种群的数量与什么相关？与此类似，梅等人对北美大陆繁殖的鸟类研究表明，该区域鸟类的数量不是 70种、7000 种，而是 700 种，麦克阿瑟对佛蒙特州的研究发现该地区约有 5 种鸣禽，那么是什么决定了种群的多少呢？

"变量 A 与变量 B 的关系"是生态学研究的主要被解释项，而此项还存在其他的一些形式，例如"当条件 C 下，变量 A 呈现某种变化，变量 B 呈现另外一种变化趋势"作为一种生态学现象，实际上包含了"条件 C"也被视为一种变量，其可能与"变量 A"或者"变量 B"的变化相关。尽管这种现象可能更为复杂，但需要解释的仍然是一种相关性。

与其他自然科学问题的形式一致，生态学也具有多种问题形式，例如种群是什么？什么因素决定了群落中各种群的大小？生态位是如何分化的？食物链如何实现营养及能量的传递？为什么群落具有这样的结构特征等。这些问题中，有些问题涉及生态学本体论的地位，例如"群落"是什么？大部分的生态学问题都指涉复杂现象背后的因果关系。但是，往往这些生态学问题仅涉及一个变量，而哪些变量与之相关则并未述及。例如，如果将"雨燕种群的大小""北美洲大陆鸟类种群的多少"或"佛蒙特州鸣禽种群的多少"作为一个变量的话，那么显然生态学家还需要知道与之相关的其他变量，从而对两者之间的关系进行研究。问题在于如此复杂的生态学现象中，如何确定哪些变量与之相关呢？生态学家经常通过提出假说——假设某变量与此变量相关，进而来对两者的关系进行说明。显然，这是一种有别于传统科学说明的解释形式。

（一）生态学存在"演绎—律则"的解释形式吗？

由亨普尔提出的演绎—律则解释模型（deductive-nomological model）中，解释项为全称规律，被解释项是解释项演绎推理的结果。例如，所有的人类都是哺乳动物，苏格拉底是人，所以苏格拉底是哺乳动物。

演绎—律则解释模型提出之后，遭到许多的质疑。有一些观点认为演绎—律则模型仅仅重视推理的形式而忽略内容，并因此引出一些问题。例如"金属加热会膨胀"和"这个篮子里的苹果都是酸的"，前者属于科学定律，后者则属于偶适概括，两者显然是不同的。因为科学定律支持反事实条件句，但偶适概括并不具有必然性，故不支持反事实条件句。例如"金属不加热那么便不会膨胀"仍然为真，但"不在这个篮子里的苹果都不是酸的"却未必为真。这些问题是演绎—律则模型只重视对推理形式的分析，忽略推理的内容导致的。为解决这一问题，亨普尔和奥本海姆补充了经验内容方面的要求，提出解释项必须包含一定的经验内容，且这些经验内容可以被观测或证实，另要求解释项与被解释项的陈述必须为真等。

那么，生态学现象的解释是否也具有这样的形式呢？结合判定演绎—律则解释有效性的条件进行分析。首先，演绎—律则模型强调解释项必须包含某种"普遍规律"或者"全称规律"，具有"所有 A 是 B 的"形式特征。其次，演绎—律则模型的推理形式为演绎推理。演绎推理具有三种不同的形式。

（1）所有的 A 是 B，因此 A'是 B。例如：所有的金属受热会膨胀，铜是金属，所以铜受热会膨胀。

（2）A 是所有的 B，所以 A 是 B'。例如：进化现象存在于所有物种的发展史中，所以进化现象存在于鸟类的发展史中。

（3）A 是 B，因此 A 以前是 B，或 A 将来是 B。例如：太阳每天都从东边出来，因此以前太阳都是从东边升起，将来太阳也是从东边升起。

这三种推理具有不同的前提，得出不同的结论。D—N 模型强调前提具有"所有 A 是 B"的形式，因此属于第一种演绎推理形式。

但是生态学的实际研究发现，生态学中的大多数规律属于统计规律。其中，有些规律是通过简单观测就可以捕捉的，例如冬天部分动物的冬眠与迁徙行为。有些规律是通过生态学的理论研究揭示出的，例如种群大小受到种群出生率与死亡率的差值影响。进一步地，这些规律还可以采用数学公式进行表达。在统计规律的基础之上，生态学研究中所采取的解释形式往往并不是演绎的方式，更多时候采取的是一种选择变量、进行统计与拟合，最终建立模型的方法。因此对于生态学现象的解释而言，显然演绎—律则解释并不适用，或者说生态学现象并不具备这种解释的先行条件。

110

值得注意的是，演绎—律则解释虽然强调解释项中的普遍规律，但实际上仍然是一种基于经验观察之上的信念。因为"天下乌鸦一般黑"这一前提之所以被接受，一方面是因为这是现象"这只乌鸦是黑的"的最优解释；另一方面是因为人们愿意相信"天下乌鸦一般黑"为真，而并非"天下乌鸦一般黑"必然为真。在这种前提为真的信念支持下，就可以解释"为什么这只乌鸦是黑的"。这种信念来自于人们的经验观察，且随着可观察对象数量的不断扩大而增强。如果没有反例出现，那么其就被视为是一种普遍规律。但是无论观察者的信念如何，经验如何，在另外的情境中却始终存在出现反例的可能。因此，"天下乌鸦一般黑"只是可能的原因。亨普尔意识到了这种解释形式的不足，进一步结合统计规律提出了归纳—统计解释模型。

（二）生态学规律特征与归纳—统计模型的运用

归纳—统计解释（inductive-statistical model）的解释项具有"部分 A 是 B"的形式特征，这是一种可能性的陈述，通过统计学方法"部分 A"被更加精确化。归纳—统计解释推理形式为由一般到特殊，即由包含统计规律的解释项推出关于个体事件的陈述。那么，生态学现象的解释是否符合归纳—统计解释的形式呢？

首先，生态学解释的解释项通常是一种客观的可能性陈述。关于可能性的陈述有两种，一种是主观性的可能性陈述，另一种是客观性的可能性陈述。其中，主观性的可能性陈述主要基于一种信念，例如这个苹果可能是甜的。"这个苹果是甜的"这一可能性是基于一种信念：苹果可能是甜的，却不可能是苦的。这一信念的产生是以经验为基础，是对经验的一种归纳结果。

根据经验证据的可靠度，信念的程度不同，从而做出的可能性陈述也不同。科学解释中的统计规律通常是客观性的可能性陈述，而非主观性的可能性陈述。这一客观性的可能性陈述进一步又可以分为两种情况：一种是基于事实进行的统计，例如通过长期的重复观察与测量，得出某流行病毒的人体感染率为 75%；另一种是对逻辑事实进行的估算，例如抛掷一枚硬币得到的概率为50%。生态学规律往往是前种—客观性的陈述，例如植物种群中的自疏法则，岛屿—面积关系规律等。

其次，生态学规律多为统计规律，具有"部分 A 是 B"的特征，同时又往往并非以简单的"部分 A 是 B"或"A% = B"的形式出现，生态学规律具有多种形式。有些规律比较简单，例如葛洛

111

格规律（gloger's rule）指出在寒冷干燥的地区，动物的体色较浅，在潮湿温暖的地区体色较深，这是基于观察得出的结论。有些生态学规律则稍微复杂，例如表面积规律指出体型较大的动物比体型较小的动物具有较小的表面积与体积比率，这一规律并非观察和简单统计的结果，其中涉及假说和简单建模的理论过程。

值得一提的是，有些生态学概念也表达了有机体和环境的关系，例如环境容纳量为空间被该物种所饱和时的种群密度。这一概念虽然指涉了空间要素与种群密度的关系，但并不是一个生态学规律。两者的不同在于，此类生态学概念表征了有机体与环境要素的关系，但其本身并非一个基于观察之上的客观性的可能性陈述，但生态学规律是基于观察、统计的一个结果，反映了一种可能的关系趋势或倾向。

除此之外，有些生态学规律通过进一步的研究对有机体和环境的关系表达更为精确。例如，大量的植物或固着性的动物如藤壶和贻贝中存在"自疏现象"，即随着种群密度的增加而部分植株或动物死亡，部分较大的个体存活下来。对自疏现象的观察能够初步发现其中种群密度与个体大小的关系，这是一种简单的生态学规律。

随着对种内竞争作用的研究，生态学家发现"自疏法则"：植株平均重量（W）与密度（d）存在这样的对数关系：$\lg W = \lg C - a \lg d$，其中 $a = 2/3$。这种生态学规律不仅涉及观测过程，还涉及较为复杂的统计等定量分析过程。可见，无论生态学规律的形式如何，其大多数为统计规律。通过这些统计学规律进一步来解释其他生态学现象，可能出现部分现象无法通过这种统计学规律得以解释的情况。因为生态学解释的有效性与样本的质量及数量有关，有效样本越多，证据越充分，置信度就越高，该解释就越可靠。一般而言，样本及数据只有处于一定的置信区间中，该生态学解释才有效。但一旦样本选择不当，所得出的结论往往不可靠，从而导致部分现象无法得以解释的情况。

由此可知，生态学解释具有归纳—统计解释的形式。但是生态学家对某现象的研究不仅仅采取归纳—统计的解释，更多时候也采用了其他解释形式，"统计相关性"及"模式论"等解释形式在生态学中也得到广泛体现。

（三）统计相关性模型：生态学现象广泛采取的解释类型

萨尔蒙提出的统计相关性解释模型（statistical relevance model）关注各要素之间的统计相关性①。因为无论是演绎—律则解释，还是归纳—统计解释，均关注解释项与被解释项之间的因果关系。与这两种解释不同，统计相关模型关注各要素间的统计相关性。例如，将试剂 A 添加进实验溶液，溶液一方面颜色发生变化，另一方面溶液酸度增加。这一变化中，溶液颜色的变化与酸度的变化总是统计相关，但两者之间并非因果关系。实际上，真正的原因在于添加了试剂 A。

尽管统计相关模型无法真正捕捉到现象背后的因果关系，也因此无法对其内在机制做出合理的解释，但这种解释仍然可以用来进行预测。例如，当溶液颜色变化，可以假设该现象与溶液酸度增加相关，并进行统计相关性分析。如果二者存在统计相关性，那么其相关性的假设获得支持。但是，这种统计相关性仍存在两种可能的内在关系。一种是两个要素为因果关系，另一种是两者仅仅为统计相关。即便如此，根据统计相关性也可以进行预测：如果酸度增加，那么溶液颜色可能发生变化。

生态学的研究通常涉及多种要素，既包含有机体，也包含各种环境要素。这种生态学现象的复杂性决定了自引入定量的分析方法之后，统计相关模型便成为主要的解释形式之一：无法识别因果关系，只能尝试捕捉要素间的统计相关性。

例如，对于单一物种而言，其增长率可能涉及两个要素：出

113

---

① Salmon W. C., "Statistical Explanation and Statistical Relevance", in Fetzer and James H, eds. *Scientific Knowledge*, Springer Netherlands, 1981, p. 77.

生率与死亡率。基于这一简单假说，对物种的出生率与死亡率进行数据采集，并通过统计学方法进行数据拟合，最终可以得到方程：$dN/d_t = (l\text{-}m)\,N$，其中 N 为个体数量，l 来表达单位出生率，m 用来表达平均死亡率。这一模型涉及出生率、死亡率及个体数量三个要素[①]。虽然这三个要素与物种增长率之间是否存在确定的因果关系尚未可知，但是通过统计学方法所得到的模型揭示了这些要素之间的相关性。因此，统计相关性解释涉及要素的选择，这种选择往往是基于一定的假说基础之上，并进一步根据各要素的相关性建立模型。

"相关性"问题实际上可以分为两个层次：第一，两个（或多个）要素是否相关？第二，如果这些要素相关，那么其如何相关？对于"是否相关"问题的回答可以通过提出"相关性"假说，以及对其进行验证来解决：如果假说可以被确证，则这种相关性得以确证，反之相关性被否证。因为实际的情况可能有两种：变量 A 与因素 B 相关，或者变量 A 与因素 B 不相关。那么选择因素 B 作为相关因素，其存在和实际不符的可能性。生态学中主要采用统计学方法来建立模型，并通过统计学方法来检验相关性模型：如果该模型的置信度高，那么模型相对有效，假说被支持。如果该模型置信度低，那么该模型相对无效，假说被放弃。生态学中的模型建立往往是通过量化统计的方法，生态学家认为通过量化的方法可以使假说或模型表达得更为清晰。

这是生态学解释的基本过程：选择变量→提出假说→建立模型→筛选模型等。假说仅仅是假设部分要素之间相关，而模型的建立使得这一假说更加明确和公式化。根据一个假说可能产生多个模型，因此应该对假说进行精确的说明，以保证假说与模型之间的一一对应关系。除此之外，量化统计方法还体现在模型的衍生上。如果对其中的自变量与因变量的复杂关系进行了统计学上

① ［美］梅：《理论生态学》，陶毅等译，高等教育出版社 2010 年版，第 24 页。

更具体的分析，内部机制得到不断深入的研究，那么从最初的简单模型可以派生出一系列的模型。同一模型，研究角度不同，将会引入不同的参数，可能派生出不同的二级模型。

"相关性"问题的第二个层次指涉相关性的性质方面。那么，显然生态学假说及验证仅仅解决了第一个问题，而无法对变量间的关系性质做出更为深刻的说明。实质上，"相关性"可以分为"因果相关性"与"非因果相关性"两种。如果通过统计检验筛选出了某种相关性模型，那么这些相关性模型仅仅具有统计学上的有效性。由于这些模型仅具有统计学上的有效性，而非一种说明的普遍有效性。因此通过这些相关性模型来解释其他生态学现象，可能出现部分现象无法通过这种统计学规律得以解释的情况。进一步地，通过这些相关性模型来对部分生态学现象进行说明，最终能够说明的也仅仅是一种相关性。

实际上生态学现象所涉及的要素还可能处于同一因果之链上，或者因果网络中。比如全球变暖可能会导致局部地区气候的变化，而这种区域气候变化将导致植物群落分布情况发生变化，进一步地引起动物种群及群落出现竞争，发生迁移等。这说明许多可能事件的发生，不仅产生初步效应，还进一步导致许多的次级效应，从根本原因到各级效应之间存在一条"因果之链"。同时，一个现象的产生是多个要素综合作用的结果，这些影响交织在一起构成了"因果网络"。其中，有些现象之间呈现一定的统计相关性，但是有些现象之间存在一定的因果关系。这种因果关系可能是直接的，也有可能是一种间接的因果关系。对于某现象的产生，不同的原因所产生的影响比重是不同的。那些能够产生较大影响的原因往往被视为主要原因，而那些产生较小影响的原因是次要的，其因果关系并不紧密。

根据某种"相关性"假说，运用统计学方法建立模型是生态学说明的基本形式。但是，生态学解释需要回答的问题不仅限于"是否相关"层面，其需要对"如何相关"做出更深刻的说明。

其中涉及"相关度"和"相关性"两类不同的问题，尤其是"相关性"更需要对生态学现象背后的因果关系进行更深入的分析。

值得注意的是，生态学中有机体与环境的关系状态并非是静止的，而是一个以时间为维度，不断发展变化的一个动态过程。在这个过程中，前一个相互作用会直接影响下一个相互作用的初始条件，继而影响以后的相互作用。这种因果关系模型显然是一种非线性的因果关系模型，较之传统科学哲学中的线性因果关系说明对象则更为复杂。在传统科学认知视野之中，因果关系被赋予一种"一对一"的特性，而这显然与现象背后复杂因果联结是不符的。在这种复杂因果网络之中，各个节点的变化与其他要素的变化存在相关性。

在生态学研究中，统计相关性说明始终与其他的说明形式诸如模式论等被综合运用，从而呈现出一种多样化的说明形式。

（四）生态学理论研究中模型及其功能

卡特赖特（Nancy Cartwright）等人认为可以通过模型（model）来理解世界，模型可以部分程度上反映真实的世界，这种观点被认为是模型论①。模型论中的"模型"与其他科学解释模型的"模型"不同，前者是指通过假说的方式建立起一种模型，进而来理解世界，后者是指特定的科学解释的形式或样态。这种模式论的解释途径为：根据假说建立模型，如果该模型产生的效应与原始系统一致，则该模型有效，否则模型无效。有效的模型可以部分真实地反映原始系统的因果关系。

例如，1953年沃森与克里克共同发现了 DNA 的双螺旋结构。最初，他们构建了许多的理论模型，并将这些模型与 DNA 分子的 X 晶体衍射图像一一进行比对，并进行排除和修正。这里涉及一

---

① Cartwright N. and Shomar T. , "The Tool box of Science：Tools for the Building of Models with a Superconductivity Example", *Poznan Studies in the Philosophy of the Sciences and the Humanities*, Vol. 44, 1995, pp. 137 – 149.

个对模型选择的问题，有效的模型不仅可以解释基因复制的高度精确性，同时又可以解释遗传的稳定性。这些模型中，只有双螺旋四个碱基两两配对的结构模型可以很好地解释以上两点。这种解释方式不仅仅是对世界的描摹，其对现象背后的作用机制做出了假说，通过有效性判断而筛选出的有效假说可以部分真实解释现象背后的因果关系。

虽然模型对解释起到促进作用，但其仍存在有效性的问题。因为事件及现象往往是处于一定的因果网络之中，这些事件或现象的产生通常是多个原因作用的结果。基于一定假说建立的模型，虽然可以部分解释该现象，但也不能排除其他有效假说的可能性。另外，模型除了可以促进解释之外，也可以发挥一定的预测作用。有效的模型往往能够揭示世界的内在结构，通过对这一模型的输入，可以部分预测其输出，即有效的模型部分揭示了其中的因果关联，从而基于这种因果关系的把握，对可能的结果做出预测。

生态学研究中经常会用到模式论的解释方式，其建模的方法并非简单地将电流与水流、光波与水波相类比进行模拟，而是通过建立假说，在假说的基础上建立模型。生态学模型大致可以分为三种类型：物理模型、概念模型、数学模型。物理模型通过实物的形式来模拟生命现象的内在关系，例如通过双螺旋结构来模拟基因碱基对的空间结构，通过森林林冠的景观图片来展示森林覆盖率的变化，这类模型具有形象化、直观的特点；概念模型通过不同概念关系图式的方式来说明各种生命变化，例如通过叶绿体中各化合物的关系图式来说明光合作用的能量转化过程，通过各生物及环境要素的关系图式来描述全球碳循环机制；数学模型通过数学语言来表征各生物要素间的数量关系，例如马尔萨斯通过常微分方程来揭示人口数量和生活资源量间的制约关系，孟德尔运用数量公式来解释遗传分离现象等。

生态学中的模型建立往往是通过量化统计的方法，生态学

117

家认为通过量化的方法可以使假说或模型表达得更为清晰。因此，生态学研究中建立模型往往有赖于一定的统计相关性分析，根据分析的结果来设定各种参数，调整各种变量的关系结构。对于生态学而言，建立模型不仅可以用于解释生态学现象，也能够更好地做出预测，而预测的有效性反过来又可以验证该模型是否有效。

卡特莱特等人提出的模式论与生态学中的模式方法有所不同，前者强调通过建构模式并根据预测效应与实际效应进行比较，从而对该模式的有效性进行验证。但是生态学中建立模型进行的预测只能是一种估测，是一种统计学上的预测结果。将这种预测的结果和原初结果对比，作为验证标准的有效性非常令人质疑。

随着数学方法在生态学中的不断应用，各种生命现象所蕴含的复杂信息不断被解码。许多生理的、生化的，或者生态的变化都可以通过数学语言来表达和模拟。例如，奥德姆通过定量的方式研究系统的能量流动；贝塔朗菲将微积分方法引入生物学，创立理论生物学；生物学家通过贝叶斯算法来测算基因序列并构建进化树等。虽然定性描述仍然是生态学的重要方法，但数学也已经成为生态学研究，尤其是生态学理论研究的重要工具。借助于数学语言的精确性，并结合计算机的信息处理能力来构建生态模型，可以揭示要素间的关系图谱及作用机制。可以说，生态学的研究方法正经历一个从定性到定量的发展过程。

生态学数学模型的研究成为生物学理论研究的重要部分。有些理论研究者更关注模型构建和衍生，而忽略了复杂模型和自然世界的关联。部分生态模型的结论并不能很好地与经验结果相契合。例如，对捕食关系进行定量描述的 lotka – volaterla 模型经常与实验结果不一致，但该模型仍然不断被运用于解释各种捕食现象。

对生态模型方法说明效力的考察分为形式和非形式两个方

面。笔者认为，形式方面生态模型所给出的说明并非排他性的，即仅提供了必要而非充分的说明。

原因有三点：

第一，对同一现象的说明可能存在不同的生态学假说，并进一步构建了不同的生态模型。这些模型彼此之间并不互斥，即在某一假说成立的前提之下，仍然存在其他相关性假说的可能，因此通过模型方法所提供的说明缺乏排他性理由。这种假说的提出往往是根据经验判断，否则就是完全盲目的。对同一现象，研究者根据研究经验可能选择不同的变量关系进行考察，从而提出多重假说并建立模型。尽管检验能够保证有效假说的成立，但显然这并不能否证其他假说。

第二，生态模型简化了各种关系细节，因此其说明具有逼真性。实际上，没有哪一种说明形式能够对自然世界做出最完全彻底的说明。这也正符合因果关系的复杂样态——研究者只能捕捉到不同的关系片段，却无法对整体做出完全的说明。

第三，生态学模型通过数学的语言描摹了要素间的相关性，这种相关性可能存在非因果相关的可能。可以说，生态模型捕捉到的是"可能的"原因和结果间的关系。尽管模型的检验能够保证这种相关性是否为真，但却无法保证这种因果关系是否为真。

非形式方面，许多生物学家认为模型的普遍性、稳定性等可以成为衡量生物模型优劣的标准。与形式方面不同，普遍性、稳定性等间接地影响对现象的说明效力。

119

（五）其他解释形式

除了以上几种解释形式之外，还可以从其他几种解释形式来探究生态学的解释样态，例如目的论解释，演绎—统计解释、语用学解释等。

目的论解释主张系统产生变化是为了要达到某种目的。例如，植物长有根须是因为要实现营养物质及水分的输送。这种解释仍然是一种溯因解释，只不过是一种逆向的溯因解释。根据一般的因果解释，植物长有根须是原因，其结果是可以实现营养物质及水分的输送。根据目的论解释，"要实现营养物质及水分的输送"是原因，从而使得植物必须具备"根部长有根须"这一条件。

生态学现象的解释也会用到目的论解释。相应地，生态学中有许多诸如竞争、适应、选择、演替等术语，这些术语具有浓厚的目的论色彩。借助于这些术语，生态学现象发生的原因往往被诉诸某种功能的实现。例如，候鸟南飞，为了在严冬存活下来，因此部分鸟类长途迁徙到温暖地带度过寒冬。同样的，为了在食物短缺的冬季继续存活，部分动物不再外出活动，因此出现了冬眠的现象。但是，有些生态学现象本身并不具有指向性，最终所实现的生态学功能不过是行为的一种结果。

例如，澳大利亚政府引入野兔，后期野兔在当地泛滥。这种物种入侵的局面并非是最初引入野兔时的目的，是一种非指向性行为的结果。目的论解释将因果关系与目的指向行为相混淆。根据目的论的解释，只要实现了某种功能，最终达到了某种目的的行为，都具有这种因果结构。但是有些行为最终实现了一定的功能，但两者并非是因果关系，其所实现的功能实际上是行为的结果，而非原因。因此也只有具有确定指向的行为才符合目的论解释。目的论解释将现象产生的原因诉诸某种目的或功能，但同时又无法对为什么要实现或达到这样的目的做出更深层的解释，这是目的论解释所面临的主要问题。

另外，亨普尔在归纳—统计模型的基础之上提出演绎—统计模型（deductive-statistical explanation）。该模型基于一定的统计规律并结合特定的条件，从而对某事件的可能性做出概率说明。例如，某流感病毒A对易感人群的感染率为60%，同时与此种流感患者密切接触的人属于易感人群，那么就可以根据演绎推理出曾经与流感患者密切接触的人感染流感病毒A的概率为60%。

这种解释与归纳—统计模型的相同之处在于，两种解释均以统计规律为基础，不同之处在于归纳—统计模型对已知现象做出解释，演绎—统计模型仅做出概率上的说明，前者是一种归纳推理，后者是一种演绎推理。与演绎—律则模型相比较，演绎—统计模型也是一种演绎推理的过程，只不过前者是基于普遍规律，而后者基于统计规律。因此，演绎—统计模型更适用于从某一统计规律，演绎推理至另一统计规律。归纳—统计模型更适用于从统计规律对某已知现象进行解释，演绎—律则模型适用于从普遍规律演绎推理出另一普遍规律。因此，这种解释形式更多地可以呈现于理论之间的关系分析。

以上这些模型均从内部对科学解释进行分析，范福拉森等人对科学解释进行了外部解读，其主要关注语用、语境等外部要素，其中意向性要素成为一个重要指标。语境不同，提出的问题也不同，对该问题的解释也因此有所不同。目前为止，只有个别的生态学家或哲学家从外部角度来解读生态学研究，对此不再讨论。

（六）生态学解释的综合形式

实际的科学研究中，对某一现象的解释通常呈现一种综合的解释形态。例如，DNA 分子的结构研究，当时对此问题关注的人除了沃森及克里克外，还有量子化学家鲍林，以及晶体结构学家威尔金斯和富兰克林等人。由于他们具有不同的专业知识背景及兴趣点，因此研究角度有所不同。鲍林从化学键角理论等方面展开研究，威尔金斯从 X 晶体衍射图像中各衍射点的不同分布特征进行研究，而沃森和克里克则始终以 DNA 分子应该具有的生物学特性——遗传的稳定性和变异性为研究的出发点。他们尝试从不同的角度来解释这个问题，这与其各自所处的不同语境是相关的。进一步地，这些科学家运用的化学键角等理论来进行分析属于演绎—律则解释，同时沃森与克里克对

DNA 分子结构的研究提出了不同的结构模型并加以筛选，属于模式论解释途径。

由此可见，在科学研究的过程中，尽管科学家更希望通过一种简单而精确的方式来解释各种现象，但往往最终运用到综合解释样态。凯切尔认为这种解释的综合不仅意味着通过精简解释模型从而得到更多的结论，还包括对不同解释模型间关联、分类、相似性等细节的关注①。这些解释综合起来以一个集合的形式对自然的秩序和结构进行说明。

生态学研究中，对现象的解释也通常呈现了多种不同的样态。以种群增长率为例，如果不考虑复杂的种群结构，那么简单种群的大小仅仅由两个要素决定：繁殖率和死亡率。进一步地，如果考虑复杂种群结构，根据不同的年龄段，其繁殖率和死亡率可能又有所不同。实际上，对种群结构的划分不仅可以从年龄层次来划分，还可以根据不同的性别、栖息地、生活史等进行划分。对有效影响因子的筛选是一个提出假说和验证假说的过程。根据各要素和种群增长率之间的关系假说，可以初步建立一个模型。该模型的有效性判定主要是通过统计学方法来验证。

这一研究过程从建立假说到验证假说及筛选有效因子，其中统计学方法似乎仅仅是一种工具。建立模型的依据是对其中要素间的统计相关性做出的假说，即这种模型所揭示的并非是要素间的因果关系，而仅仅是一种统计相关性。因此并不能简单地认为在生态学研究中的统计方法仅仅是解释的工具。

通过统计学方法来对各种生态学模型进行验证，这是由于有机体和环境均在不断变化，同时时间及空间尺度也比较大，由此导致了研究重复性低，而只能采取统计学的方法来进行验证。这样一来，统计学方法的一些问题，例如样本有效性问题等均依然

---

① Kitcher P. , "Explanation, Conjunction, and Unification", *Journal of Philosophy*, Vol. 73, No. 8, 1976, pp. 207 – 212.

存在。同样的，基于假说建立的各种生态学模型，如果可以通过统计学上的检验，则能表征一种统计学上的因果相关性，如果无法得以验证，则假说无效。这种假说的提出往往是根据经验判断，否则就是完全盲目的。无论是其中的统计相关模型的运用，还是模式论解释方法，都无法真正揭示生态学各要素间的因果关系，而只能捕捉到一些因果关联的痕迹。

结合以上对生态解释形式的分析，笔者认为对生态学的还原问题而言，理论还原较难实现，解释性还原是可能的，并对此做如下说明。

首先，作为解释性还原的前提，生态学的解释样态复杂多样：既有因果解释，又有非因果解释；既有机制解释，又有功能解释；既有自下而上的解释，也有自上而下的解释；既借助于定律进行解释，也综合运用其他非形式化的解释要素。各种解释具有同样的认知地位，其功能上互补而并不互斥，综合地促进说明、实现预测。这是当前生态学所实际采取的一种自然化的认识论立场。当然，这其中便包含了还原所强调的上向解释。这表明解释性还原是现实可能的。

其次，传统还原论的讨论一般分为三个层面：本体论、认识论和方法论。其中，认识论层面的讨论多集中在理论还原，关注不同理论间的关系。解释性还原作为一种弱化主张，不仅应该关注如何通过低层次的理论、实验、概念图示等认识高层次的理论，也应该将现象的还原，即通过低层次理论等解释高层次的现象作为研究的主题之一，从而发挥解释性还原基本的认识论功能。

123

进一步地，尽管生态学综合运用多种认知要素以促进说明，但是这并不意味着可以实现完全的说明。因为无论是出于形而上的考量，还是实际研究的可操作性考虑，实现完全彻底的解释都是很难的，而只能获得部分的解释。因此，生态学的还原可能性也仅限于"部分解释"意义上的解释性还原。

余　论

与本体论和方法论层面的还原论相比较，生态学认识论层面的还原论更强调"为了促进解释而还原"的目标。在这一认识论目标下，术语还原、理论还原及现象的还原均可能有多种形式。不仅如此，理论间的还原部分时候实际上也是一种解释性的还原。例如，演绎—律则解释模型所揭示的便是一种理论间的解释与被解释关系，但同时也可以视为一个理论被另外一个理论所还原。同样的，术语间也存在解释性还原的形式，例如一个术语对另外一个术语的协调定义等。

作为一个知识整体，生态学理论体系的构建是经验与理论结合的产物，其并不能保证从"初级理论"到"次级理论"的线性序列结构。实际上，许多的生态学研究遵循着一种自然化的认识论立场，即综合运用多种理论及术语，但是理论或术语间无须满足可导出性和可连接性。通过这些理论及术语，诸多现象得到了很好的解释，并能够进行相关的预测。但是，更多的生态学研究却依然局限于某种层次框架之内，这也将影响对自然世界的彻底说明。

生命科学领域层级观念依然根深蒂固：从大分子、细胞、细胞器到个体生物，从个体生物、种群、群落到生态系统、生物圈。生态学层级观念更甚，其各子学科也井然划分为分子生态学、个体生态学、种群生态学、群落生态学等，并不同于个体生物学从遗传学、生理学等功能维度的划分。因此，讨论生态学的还原问题，很容易陷入这种层级的还原格局，而忽略了来自非层次的要素影响。

对于生态学的还原问题而言，萨卡尔对解释性还原的区分具有很强的启发意义：解释性还原可以分为两类，一类是"抽象层次的解释性还原"；另一类是"空间层次的还原"。[①] 前者强调抽象层次间的还原，例如等位基因和表型基因间的还原，其受到基因连锁、突变等过程要素的影响；后者强调物理空间层次间的还原，例如通过分子间的氢键、疏水间、弱相互作用等来解释细胞结构。相对而言，前者是弱的解释性还原，后者是强的解释性还原。尽管抽象层次可能包含着空间层次，但是抽象层次也包含了空间层次之外的可能影响。例如，如果要充分说明基因的表达，不仅需要对 RNA 链的结构分析，还需要考虑启动子等前置程序的时间效应。因此，抽象的层次可以说是真正的层次。进一步地，基于抽象层次的还原较之静态的空间层次，还原论具有更强的说明效力。

这种解释性还原的主张，尤其是对抽象层次和空间层次的区分，对当前以空间层次为格局的生态学还原论的澄清和矫正，具有积极的认识论意义。

就生态学研究而言，以"可连接性"和"可导出性"为桥梁的理论还原不仅是不可能的，而且是没有必要的。生态学的研究目的不同于"科学统一"的理论还原目标，前者追求对生态世界的认识和理解，后者为了还原而还原。从尊重生态学研究的角度出发，采取一种自然化的认识论立场，发挥还原论的方法论指导功能，对生态学研究更具现实意义。从"科学统一"到"促进解释"的这种还原功能的转变也符合当前科学哲学领域还原论的研究趋势。

125

---

① Sarkar S. , *Molecular Models of Life*：*Philosophical Papers on Molecular Biology*，Cambridge：MIT Press，2005，p. 117.

第五章

有机体与环境关系的还原分析

　　还原论方面，此前的研究大致分为本体论、认识论和方法论三条进路。不同进路的研究均围绕一个核心问题：生物和环境的关系是否可以被还原？作为生态学的主要研究对象，如果"生物和环境关系"具有可还原性，那就意味着：这种关系可以通过对生物、环境各要素的研究来获得最终的解释。例如，有些动物会变色，即随着环境变化自身颜色发生相应的变化，生物学家关注的问题是：这些动物的皮肤变化和环境变化间存在什么关联？根据还原论的主张，通过研究"动物的皮肤构成"或"环境的变化"可以完全说明这种关联，而不涉及二者如何相互作用的内在说明。另外，蛇与田鼠是一对天敌，那么如何解释这种专一的捕食关系呢？根据还原论，分别对蛇的生物特性、田鼠的生物特性进行研究，即可以完全解释这一现象。与此相对地，反还原论者则认为需要补充对"关系"本质的其他说明。

　　进一步地，如果生物及其环境的各种要素能够得以彻底认识，那么二者的关系可以因此得到完全的解释吗？即这一关系能被还原为生物及各种环境要素吗？该问题本质上不同于对突现性质的还原分析：对"突现""涌现"的考察，属于对 $a + b = c$ 的"加和机制"的考察，而对生物与环境关系的还原分析，则属于 $c - a = b$ 的"减法机制"的考察。虽然两类研究关注的核心问题具有同质性，但是研究进路存在根本不同。

　　值得注意的是，生态学关系属性的还原通常具有一定的不可验证性，该问题也因此具有了一定的形而上色彩：一方面，生物的环境要素往往是复杂多样的；另一方面，实际的研究又无法考察到每一个可能要素，因此这种还原最终呈现出不可检验性。但是，对"生物和环境关系"的形而上论证却具有重要意义：如果这种复杂关系被证明具有可还原性，就意味着实际研究采取还原论立场并非仅仅是一种现实的选择，而具有本体意义上的合理性；反之，如果这种关系不具可还原性，那么实际研究的还原方法则存在根本上的片面性。从形而上角度对生态学还原论进行论证，将有效地辨明还原论的有效性问题。

第一节　考察"有机体与环境关系"之本体地位

　　从形而上层面对还原论进行的讨论主要是在心灵哲学领域。在心灵哲学领域，对于心理属性和物理属性的关系，即心—身关系问题，非还原物理主义和还原物理主义持有不同的看法。以普特南和福多为代表的非还原物理主义认为，由于心理属性可以多重实现于物理属性，因此心理属性不能还原为物理属性。以金在权为代表的还原物理主义则认为心理属性随附于物理属性，因而两者具有还原决定关系[①]。生态学哲学中，目前关于形而上还原论的讨论相对较少。生态学以有机体和环境的关系为研究对象，相应地其形而上还原论主要讨论这种关系的可还原性问题。

127

一　从关系属性到实体属性的还原

　　有机体—环境关系的可还原性问题与心—身关系的可还原性

---

① 转引自刘明海《还原论研究》，博士学位论文，华中科技大学，2008 年，第 51 页。

问题有所不同。心灵哲学中，心—身关系的可还原性主要指的是心理属性能否还原为物理（身体）属性。生态学哲学中，有机体—环境关系的可还原性是指能否将彼此的关系还原为有机体个体及各种环境要素，例如两个不同种群间的竞争关系能否被还原为这两个种群。需要承认的是，两种可还原性问题确实具有一定的同质性。这是因为两种问题均是对某种关系可还原性的研究，一个是从心理属性能否被还原为物理属性来认识彼此的关系，例如疼痛的心理感受能否被还原为相关的神经活动；另一个是从有机体及各环境要素来认识彼此的关系，其目的是认识这一关系本身。

生态学中，有机体与环境关系，例如竞争、演替、进化等是重要的研究内容。但是，有机体—环境要素关系的可还原性并不探讨如何将有机体还原为环境要素，或者如何将环境要素还原为有机体，因为讨论这一问题将是没有意义的，两者不仅属性不同，且彼此的交互作用主要体现在种种相互关系中，因此有机体—环境要素关系本身即是还原的对象。

比如，不同环境中枯叶蝶的颜色会发生变化，那么能否通过研究枯叶蝶及环境要素两方面来解释这种变化呢？枯叶蝶及环境的特性与这种变化分别具有什么关系？类似这样的问题是有机体—环境关系可还原性研究的主题。

当然，讨论有机体—环境关系可还原性的前提是有机体与环境要素已经分别得以彻底还原与认识，这是一个形而上的预设。在此基础上，对有机体环境关系的可还原性进行研究。因此本章不再就有机体能否被彻底还原或认识，以及各环境要素能否被还原等问题进行分析。下面就有机体与环境的关系进行具体的分析。

二 因果相互作用

有机体的环境既包括物质环境如水分、光照、温度等，同时也包括有机环境如种群、群落等。例如，岛屿地理生物研究中的物种数量—岛屿面积的关系、捕食者—猎物的关系，前者属于有机体与物质环境的关系，后者属于有机体与有机环境的关系。有机体与环境要素的关系有直接关系和间接关系两种。以植物种群的竞争关系为例，由于资源或空间有限，生态位接近的植物种群将存在直接的竞争关系，但通过竞争被排斥的植物种群对其他种群的生存空间产生挤压，这是一种间接的竞争关系。

总之，有机体与环境总体呈现出多样化的关系样态。生态学形而上还原论方面的研究较少，因此本章旨在对直接的生态关系进行初步可还原性分析，对于"蝴蝶效应"等间接生态关系暂不讨论。进一步地，对于有机体与环境要素直接关系的还原需要更深层次的分析。

以群落为例，个体论学说认为群落内部各种群间是一种集合关系，机体论学说认为群落是一个类似于有机体的实体，其内部各种群间类似于细胞间存在一定的功能关系。两种关系不同之处在于，个体论学说认为种群间并不存在相互作用，但机体论学说认为种群间存在一定的相互作用。如果种群—种群之间不存在相互作用，那么其关系显然是可以还原的。如果种群—种群之间存在相互作用，那么对单个种群的研究能否解释彼此间的关系，即种群—种群关系能否被还原为对单个种群的认识呢？因此，只有发生相互作用的有机体与环境间的关系可还原性才是形而上还原论研究的重点。下面就生态学中有机体与环境要素的相互作用进行探讨。

有机体与环境不断发生相互作用，这些相互作用具有不同的原因、机制及结果。首先，有机体与环境要素发生相互作用的原因有很多，例如资源分布不均，光照、风或水分的变化，以及其他个体、种群或群落的活动等都会引起一些相互作用的发生。这些相互作用通常表现为演替、进化、竞争等过程。

以竞争为例，其本质上是个体间对有限资源的需要引起的相互作用。竞争往往是因为资源的有限性，从而也导致个体存活率、繁殖率等的降低。其次，有机体与环境要素的相互作用具有不同的内在机制。根据不同的发生原因，有机体与环境要素可能通过生境改善、资源争夺、干扰等进行相互作用，这些相互作用实际上通过物质循环、能量转换及流动等得以实现。

另外，根据相互作用的结果，可以将其分为正相互作用与负相互作用。以植物种群的竞争为例，植物物种通过竞争进行资源争夺，最终对其他物种的生存或繁殖造成不良影响，这种相互作用为负相互作用。植物物种通过改善环境，从而增加资源的可利用率，并促进相邻物种或个体的生长状态，这种相互作用为正相互作用。

再如，在荒漠地区，灌木等植物通过遮阴来减少辐射及高温影响，从而促进幼苗的生长等。实际上，有机体与环境要素的相互作用是复杂的，从而呈现出正负相互作用并存的状态。例如，以青藏高原东缘高寒草甸群落为研究对象，通过邻体去除实验发现该群落中物种间的相互作用在部分方面表现出正相互作用，例如株高和存活率上彼此促进，但是在叶片数和繁殖率等方面存在竞争等负相互作用，且负相互作用仍占主导地位。

可是，这些相互作用也可能并非是"相互的"，即其具有单向和双向两种不同的作用样态。例如，1999 年皮特森（A. T. Peterson）对美国苏必利尔湖罗亚尔岛的研究表明，狼和驼鹿这一捕食者—猎物的捕食关系并非是对称的[1]。尽管该区域内狼的唯一食物是驼鹿，而驼鹿的唯一捕食者是狼，这是一种一一对应的关系，但是驼鹿种群大小的变化主要受到其上一年种群密度的影响，并未受到狼的捕食活动的影响，而狼的种群大小则受到自身及驼鹿两个种群密度的影响。

有机体与环境要素的关系中，只有两者发生了相互作用的才

130

---

① ［美］梅：《理论生态学》，陶毅等译，高等教育出版社 2010 年版，第 63 页。

具有可还原性讨论的意义。根据以上对各种生态相互作用的分析，可以发现这些相互作用大多为因果相互作用，即通过这种相互作用，有机体与环境要素均由此发生了变化。或者说，生态学形而上还原论关注的重点应该是发生了因果相互作用的有机体与环境的关系，有机体与环境的还原可以通过追溯其中因果相互作用的原因而进行连续的还原。

三　有机体—环境关系属性的表征

竞争、捕食等概念表征了有机体与环境的关系，但是实际的研究对这种关系的衡量是多角度的。以竞争为例，通常以有机体或环境部分性状为指标对其进行研究，例如生长率、繁殖率等。这一相互作用的衡量被分解为数个不同的要素，通过这些相互作用之后这些要素的变化来衡量竞争的水平，并不存在一个单独的"竞争"指数来衡量这种竞争水平。另外，有些相互作用的结果是系统各要素部分性状的改变，而其他性状并未发生改变，所以通过相互作用的部分效应进行的研究是一种狭义的研究。

从这种角度出发，对于有机体与环境关系的评价可能涉及多个评价指标，那么就存在对有效评价指标选择的问题，即哪一种或几种性状能更好地呈现这种相互作用？因此对有机体与关系的还原实际上是对某一关系性状的还原。

以植物种群间的竞争为例，植物种群的竞争能力不仅包括资源捕获能力、最低平衡资源要求等，同时还受到形态、生态及生活史等的影响，这种竞争因而表现为一系列的动态变化及静态性状，前者例如植物种群生理、进化等的变化，后者例如植物种群各组分的密度、空间分布等。

可以说，评价植物种群间的相互作用如竞争的可能指标有很多。有生态学家认为竞争结果主要由不同种群的资源捕获能力决定，具有最大资源捕获能力的种群将竞争成功。蒂尔曼（D. Til-

131

man）认为竞争结果主要由种群最低资源要求水平决定，具有最低资源要求水平的种群将竞争成功①。由此可知实际的研究中，对有机体与环境要素的相互作用的研究一般是根据相互作用的结果，例如竞争所造成的各种影响，并结合有机体及环境要素的各种性状来对相互作用的机制进行解释。

进一步地，有机体与环境的关系被还原为有机体与环境要素的什么呢？即如果有机体与各种环境要素得到了足够彻底的研究，那么可以通过关于有机体与环境要素的哪种知识来解释彼此间的关系呢？哪些要素的哪些性质对这种相互作用起到了决定作用？这属于"还原为什么"的问题，只有明确了这一点，才能回答有机体与环境的相互作用"能否被还原"的问题。

有机体与环境发生相互作用具有内在原因和外在原因两个方面。内在原因主要是指有机体及环境要素的性质或性状决定了彼此间相互作用的发生、水平与机制。外在原因主要指有机体与环境要素所处的时间及空间，这种时间与空间也直接造成了这种相互作用，例如生态位接近的种群之间更容易发生竞争等相互作用。可以说，有机体与环境的相互作用将主要还原为有机体与环境要素的性质或性状，或者说从有机体与环境要素的性质与性状可以对其相互作用进行解释，同时这种相互作用的有效解释有赖于对相关时间、空间的限定。如果说这一关系可以还原为有机体或环境要素的性状的话，目前生态学中许多表征相关性状的概念还很模糊，例如稳定性、多样性等概念。生态学中对有机体与环境关系的研究往往是以某种属性为指标，通过量化的方式捕捉其中的相关性，但是这些属性相关的概念许多还不够成熟。

总之，对各种有机体—环境关系的还原有赖于对其关系的定义，例如群落的稳定性和多样性有赖于对这两个概念的定义，因

132

① 参见牛翠娟等《基础生态学》，高等教育出版社2007年版，第170页。

此概念问题可能会导致一定的还原困境。

第二节　从相关概念看有机体与 环境关系的还原问题

对有机体与环境关系的还原最终是通过概念间的还原实现的，这些概念既包括表征有机体或各种环境要素的性状的概念，例如稳定性、多样性等；也包括表征有机体与环境关系的概念，例如竞争、群落等。其中，群落的概念在生态学界引起的争论比较多。个体论学说认为群落内部种群与种群之间是集合关系，因此如果对各个种群的研究足够彻底，群落的各种性状也可以因此得以解释与认识。但是机体论认为群落内部种群与种群之间存在一定的功能关系，这种功能关系是彼此相互作用的结果，那么根据机体论的这种观点，种群与种群间关系的还原需要进一步的分析。因此，对群落概念的还原实际上是对种群与种群关系的还原。生态学中相关概念的问题一直困扰着许多生态学家，对这些概念问题的分析将有助于在此基础上进行的还原论的论证。

一　对生态学史中"稳定性"多重定义的考察

133

生态学的实际研究中，生态学家从属性出发来研究有机体与环境的关系。这些属性的概念有些较为清晰，但是有些较为模糊。例如种群密度、生长率等概念是可以直接进行量化，但是有些属性概念例如稳定性等常常存在多种不同的定义，从而以一种"概念簇"的形式并存[①]。下面以群落的稳定性和多样性两个概念

---

① 参见 [美] 梅《理论生态学》，陶毅等译，高等教育出版社 2010 年版，第 119 页。

的不同定义为例进行分析。

（1）1958年埃尔顿（Charles Elton）将稳定性定义为系统越复杂，则其稳定性就越高。该定义仅仅针对只有一对捕食者—猎物的系统而言。

（2）与此不同，麦克阿瑟认为稳定性是群落的这样一个状态：当多物种群落中某一物种的数量发生急剧变化时，其他物种仍然能实现从低营养级到高营养级的能量传递。这一定义仍然是从"多样性有利于稳定性"的观点出发。这一概念认为物种数量越多，越有利于弥补因单个物种变化引起的损失，也因此越稳定。

（3）海瑞斯顿（Nelsons G. Hairston）通过微生物系统中捕食者—猎物间的不同剔除，发现特定物种的变化将对系统的多样性和稳定性造成主要影响。

（4）佩因（Robert T Paine）通过研究岩石潮间带群落中海星—贻贝的竞争关系，认为关键种的作用对系统的多样性起到重要作用。因此，这些关于稳定性的定义仍然倾向于"多样性有利于稳定性"，只是其更强调了关键物种在多样性—稳定性关系间的作用。

（5）1972年梅指出就理论上而言多样性越高的群落更不容易实现稳定[1]。这一结论是通过动力学及数学的方法所得出的，并以物种的密度作为衡量稳定性的指标。

（6）1977年麦克诺顿（Sam McNaughton）对物种数量不同的群落进行比较，并以物种繁殖季节的生长量和系统在放牧季节、旱季之后的恢复状态来衡量其稳定性，发现物种种类多的群落的确具有较高的稳定性，但同时发现这类群落内部种群密度的波动较大[2]。

---

[1] May R. M., "Will a Large Complex System be Stable?" *Nature*, Vol. 238, 1972, pp. 413 –414.

[2] J. Mchaughton S., "Diversity and Stability of Ecological Communities: A Comment on the Role of Empiricism in Ecology", *American Naturalist*, Vol. 56, 1977, pp. 56 –91.

这一研究结果正好与梅的结论相符合，即物种的多样性与种群密度两个衡量指标的变化是不同的。这些对群落稳定性的研究分别采取了不同的衡量指标，其所给出的稳定性概念的内涵也不同。

（7）1984年皮姆（Stuart Pimm）对多样性与稳定性的概念做出了进一步的分类，将稳定性分为对初始扰动的抵抗力、弹性（通过恢复时间来衡量）、系统中物种的持续性、物种密度的波动四种[1]。这一分类将稳定性的更多评价指标纳入进来，从而丰富了稳定性这一概念的内涵。

对于多样性的定义，皮姆分为物种种类、种间相互作用的强度、种间的差异、物种的密切程度几个方面。在实际对群落稳定性的研究中，研究者可以根据不同的系统条件，对两个概念的不同组合来研究多样性—稳定性的关系。但是，这种复杂的"组合定义"的方式其操作性却是有待进一步探讨的。随后在1996年蒂尔曼通过各种群受到扰动后的响应及群落系统的响应来衡量稳定性，其结果恰好印证了麦克诺顿的观点，即多样性较高的群落如果受到扰动，其内部各种群波动更大，但该群落整体波动较小[2]。这一研究结果将稳定性这一概念从群落层面深入到了种群层面。这也说明即使通过组合定义的方式来进行研究稳定性，却仍然面临着其含义不断拓展的可能情况。

面对如此众多关于稳定性的不同定义，格里姆（N B Grimm）等进行了统计，结果发现大概有167种与群落稳定性相关的定义，当然这一数量还在增加[3]。那么，群落的稳定性究竟指的是什么呢？或者说，哪一种衡量指标能够较为真实地代表群落稳定性的状态呢？这种定义的繁杂直接影响了关于稳定性的研究及其结果。对这些定义的分析可以发现，其均与群落受到扰动之后的恢

135

① L . Pimm S . , "The Complexity and Stability of Ecosystems", *Nature*, Vol. 307, 1984, pp. 321 –326.

② Tilman D . , "Biodiversity：Population versus Ecosystem Stability", *Ecology*, Vol. 77, No. 2, 1996, pp. 350 –363.

③ 参见［美］梅《理论生态学》，陶毅等译，高等教育出版社2010年版，第120页。

复能力存在关联，因此群落稳定性的定义也可以此为基础进行更清晰的界定。另外，多样性的概念始终与稳定性的概念紧密相关。因此如何定义多样性也会影响对稳定性的理解。但是，多样性的概念也存在多重定义的问题，涉及物种的丰富度、物种种类的多少、物种的不同等，这就导致关于稳定性的定义会更加复杂与困难。

二　对生态学史中"群落"概念的语义分析

生态学界对群落的概念一直存在争论，其中争论的核心是群落中的各个种群间的关系问题，个体论认为群落中各种群之间是一种集合关系，机体论认为群落中各种群之间的关系类似于细胞间的关系。其中，以克莱门茨为代表的机体论对群落这一概念也存在多重定义的问题①。

第一，"community：a mixture of individuals of two or more species"。这一定义的关键术语是"mixture"，由此可见，该概念强调群落中个体或物种的混合状态。

第二，"association：a arrangement of individuals in vegetation"，这一定义的关键词是"arrangement"，即 association 强调群落中个体或物种的一种秩序，这一点也体现在同时期的相关研究中，这些研究关注不同的优势物种或物种丰富度所造成的群落模式的不同。

第三，"formation：a group of plants which bears a definite physiognomic character"，该定义侧重从形态上来识别群落。

三种不同定义分别给出了三种不同的认识群落的角度：个体或物种间的关系、模式、表型特征。那么哪一种定义才更准确刻

136

---

① Daniel Simberloff, "A Succession of Paradigms in Ecology", in David R. Keller, ed. *The Background of Ecology*, Athens and London: The University of Georgia Press, 1985, p. 77.

画由个体及种群所组成的这一生态学单位呢？这些定义之间又存在什么关联呢？

克莱门茨认为这三种定义的关系是井然的：community 是 association 的一个分支，而后者又是 formation 的一个分支，但是显然这些不同定义对群落特征的关注点并不相同，克莱门茨未能有效阐明各种定义间关系。另外，有许多的生态学家对此提出质疑，或者因为这些定义缺乏可操作性，或者由于其不够精确。有些学者甚至认为群落概念的不同定义是造成生态学缺乏普遍理论的主要原因。

生态学中，类似的例子还有许多，比如对竞争概念的定义等。从广义到狭义，从自然现象到内部机制，诸多生态学家分别对竞争进行定义。总之，生态学的许多概念并非是单一的概念，而是以概念簇的形式存在，并从根本上影响着实际的研究。

从学科发展的角度来看，生态学需要更为精确的概念及概念体系。生态学中概念丛生，并导致同一主题下不同研究间很难进行比对和拓展，进一步对学科的发展产生不利影响。但是，这些庞杂的概念本身不是错误的，这一点与理论不同。因为理论是对现象背后的规律的描摹，存在与自然规律不符的可能，所以理论是需要通过证实而被接受，或者通过否证被拒斥。

概念与理论不同，概念并非是对客观世界的描摹。本质上而言，概念是一种语言的约定，是出于交流需要的一种约定。生态学概念多为通名，其指称并非是实体对象。例如，竞争指称为一类相互作用，演替指称为一类过程，多样性指称为某种属性。通过定义，这些指称被赋予一个概念。出现的问题是，这些过程或属性往往随附于实体。一个实体可能有多种属性，通过属性来进行定义的方式似乎会导致一些矛盾的出现。通过现象或过程来定义实体的方式也是如此。这种通过属性与现象来定义实体的方式常常导致这样的争论：群落究竟是什么？因此，路伊金等人认为生态学的概念应该从对自然类的角度来进行定义。

137

　　横向比较生态学概念与其他自然科学的概念，可以发现这样的概念难题似乎仅仅出现在生态学领域。例如，许多生态学概念仅仅表征了生物与环境的关系：生态系统表征了生物与物理环境的集合关系，群落表征了种群间的关系，种群表征了物种间的集合关系，竞争表征了种群间或个体间对资源争夺的一种相互作用，这些概念均并未指称某自然类或实体。物理学、化学也具有大量类似的概念。例如，物理学中力是物体对物体的作用，化学中化学键是相邻原子间作用力的统称等，这些概念并未对研究造成不利的影响。相对而言，生态学中的概念常常有多种定义。关于群落的概念首先有个体论学说和机体论学说两种不同的观点。就个体论学说而言，群落概念仅仅比种群的概念无非是多了一些关于时间空间的说明。就机体论学说而言，又未就群落内部各个种群间的关系进行更深入的说明。另外，目前被广泛使用的生态系统的概念是指特定区域内全部生物（群落、种群、物种或个体等）及其物理环境相互作用而成的一个整体。这一概念在群落的基础上将物理环境包含进来，然而实际上对于这一集合的结果——这一整体并未做出深刻的说明，或者说其并未对这种生物与物理环境的相互作用进行界定。

　　生态学概念既涉及语言也涉及实在，即涉及认识论和本体论两个层面的问题，本章是从本体论角度讨论生态学中的概念难题。如果这些概念的问题没有厘清，那么相应的论证便无法有效展开。

第三节　有机体与环境关系可还原性的初步论证

　　通过以上对有机体与环境关系的分析，可以尝试对这一关系的可还原性进行论证。目前，形而上还原论的论证主要是在还原物理主义与非还原物理主义的争论中展开。还原物理主义与非还原物理主义的主要争论是高层属性能否被还原为低层属性。其中，还原物理主义主张高层属性可以还原为低层属性。在心灵哲学领域内，还原物理主义通过"物理因果闭合论证、解释排他性论证、物理构成论证、神秘关联论证"对还原论进行了论证。对生态学中有机体与环境相互作用的还原可以据此进行尝试性论证。

如果有机体与环境的关系是可还原的，则需要满足如下条件：①有机体与环境双方及其相互作用的原因是物质的；②有机体与环境的相互作用是因果相互作用；③有机体与环境的相互作用处于某因果链或因果网络上。其中，相互作用物质性的要求可以避免不可知论和二元论；相互作用因果性的要求可以保证各种要素对相互作用的决定作用，而这种相互作用处在同一因果链或因果网络上可以保证还原的合理性。

一　物理构成论证

根据还原物理主义主张的因果闭合原则，同一条因果链上的原因和结果的性质保持一致。如果原因是物理的，那么结果也是物理的；如果原因是非物理的，那么结果也是非物理的。因此，有机体与环境关系的可还原性需要以物理构成为基础，即形成这一关系的有机体与各种环境要素是物理的，且形成这一关系的原因本身也是物理的。只有这样对有机体与环境关系的还原才不会追溯至一些神秘的或不可知的存在。关于有机体与环境各要素的物理构成，自然科学中已经得到了一致的认可及较为深入的研究。

对有机体与环境关系的这一论证符合还原论的"一元论"原则，即无论多么复杂的事物或现象，其最终均能够还原为同样的物理单位。这一论证同时很好地回应了福多等人提出的"多样可实现性问题"，有机体与环境关系的可能原因有很多，其中有些

139

是根本原因，有些是次级原因。同一现象可以用不同原因进行解释并不表明这些原因内在不能自洽。

有机体与环境各要素的物理构成并不能保证彼此关系之间联结的因果性，也只有因果性的联结能够保证还原路径的合理性。因此，有机体与环境关系的可还原性论证需要具备因果性联结的条件。例如，捕食者与猎物可以形成捕食关系，那么对这种关系的认识能否通过对捕食者或猎物的研究获得呢？这不仅需要能够对捕食者或猎物进行足够深入的研究，也需要对"捕食者与捕食关系"及"猎物与捕食关系"的因果性研究。如果捕食者对这一关系并无因果效应，或者猎物与捕食关系并无因果效应，那么可以说捕食关系并不能简单还原为捕食者或猎物。

二 因果性论证

首先，有机体与环境之间存在几种可能的关系样态。例如，集合种群中种群之间并不发生相互作用，彼此之间仅仅是一种集合关系，而这一关系可以还原为各个种群的不同性状。相反地，一些种群之间存在如竞争、捕食、演替等相互作用，对这些关系的还原需要对其关系状态进行分析。

萨尔蒙认为相互作用可以分为因果相互作用与非因果相互作用。两种相互作用区分的标准在于相互作用的前后系统的状态是否发生了改变，例如两束光线的交汇并未改变物体的任何属性，而两颗彗星的相撞则会导致各自轨道及自身性状的改变，前者属于非因果相互作用，而后者属于因果相互作用。生态学中大部分有机体与环境的相互作用属于因果相互作用，即这些有机体与环境的相互作用往往会对有机体或环境要素本身的状态产生影响。从这个角度而言，如果对有机体或环境要素进行足够深入的研究，那么其关系也可得以彻底的还原与解释。

值得注意的是，生态学中有机体与环境的关系状态并非是静止的，而是一个以时间为维度，不断发展变化的一个动态过程。在这个过程中，前一个相互作用会直接影响下一个相互作用的初始条件，继而影响以后的相互作用。因此，大多数的生态学过程是因果过程，每一个因果链条上都连续地发生因果相互作用。

进一步地，每一个因果节点上的有机体或环境要素通常都受到多个方面的影响，这些来自多个方面的影响促成了该相互作用的发生。每一有机体与环境的相互作用不仅处于单一的因果过程或因果链中，更可能处于多个因果链上，这些因果链交织在一起，形成了一个因果网络。其中，每一个节点上的变化均会引起其他节点的变化，这种影响可能是直接或间接的。有机体与环境的相互作用通过因果链条的不断传递，从而产生直接或间接的因果效应。处于一定过程中各个节点上的相互作用不断发生，从而导致该过程不断发生变化。如果各个节点上进行相互作用的要素的属性完全可以了解，那么其相互作用所引起的变化也可以由此解释。

生态要素间相关性具有多样的内在机制。例如，在条件 C 下，变量 A 呈现某种变化趋势，同时变量 B 也总呈现某种变化趋势。那么，此现象背后的因果关联可能分别有如下几种情况：

①变量 A 的变化为原因，变量 B 的变化为其结果；

②变量 B 的变化为原因，变量 A 的变化为其结果；

③条件 C 为原因，变量 A、变量 B 的变化均为结果；

④变量 X 的变化为原因，变量 A、变量 B 的变化为结果。

其中，前两种情况下变量 A 与变量 B 之间存在因果相关性，但是后两种情况下两个变量之间仅存在非因果相关性。

尽管生态学中能够影响有机体与环境关系的可能要素有很多，且其中有许多是属于随机要素，但是这种随机要素引起的随机性的相互作用也仍会产生一定的影响，对相互作用的样态产生可能的影响。由此而言，这种随机性的相互作用也是一种因果相互作用。因为因果性的辨识是以其是否产生一定的影响为根据，而不以影响要素的来源为根据。

实际的生态学研究中，对有机体与环境关系的研究往往是通过统计方法来建立相关性。如果根据现象"条件 C 下，变量 A 呈现某种变化趋势，同时变量 B 也呈现某种变化趋势"从而提出假说，并进行统计相关性分析的话，可能得出：变量 A 与变量 B 之间统计相关。因此，通过统计检验仅仅能够确定要素之间是否相关，却无法甄别出这种相关性的不同含义。两种情况相比较，对已了解的生物机制的细节研究，具有更高的研究价值。这种相关性是一种外在的相关性，其不能真正揭示内在的因果机制，或者说通过统计学的方法，有机体与环境的关系被量化，又或者说生态学家只是从数据中发现了一些量化的规律，但却无法解释其真正关联的原因。

三　有机体—环境的关系还原存在多重可实现性问题吗？

有机体与环境要素的物理构成可以保证还原结果的一致性，有机体与环境对两者间关系的因果决定性保证了这一关系可以还原为有机体或环境的各种要素。但是这一还原的有效性仍面临着多重可实现性论题等的可能诘难。在心灵哲学领域，针对还原物理主义所提出的心理属性可以还原为物理属性的主张，普特南提出了心理属性不能同一于物理属性，而是多重可实现于物理属性。

非还原物理主义认为物理因果闭合论证仅仅能证明心理属性和物理属性一样都是物理事件的结果，但是对心理属性和物理属性之间是否为还原关系存在质疑，认为缺乏心理属性还原为物理属性的关联定律。在生态学中，多重可实现性论题可能是：有机体与环境的关系不仅仅可以通过有机体或者各种环境要素来解释，也存在其他解释的可能。以群落为例，如果说群落是种群关系的产物，那么对群落的解释仅仅通过相关种群进行解释是不够的，还存在其他的解释条件。

多重可实现性论题的提出是对形而上还原论的一种挑战，那么是否因此否证了形而上的可还原性呢？金在权认为该论题虽然对心理属性与物理属性间的关联提出质疑，但这一质疑并不能证明其"不可还原性"。

在此基础之上，金在权提出了随附性的主张，以图缓解两种属性之间还原与不可还原之间的张力。在心—身关系问题上，他认为心理属性是随附于物理属性之上。这种随附性保证了两种属性之间的决定关系。广义上而言，随附性不仅可以应用到属性与属性的关系，还可以应用到实体—属性，或者实体—实体等多种关系之中。但是生态学中的还原问题与心—身关系不同，生态学形而上问题首先关注的是有机体与环境要素的关系能否还原的问题，其次是这种关系如何还原。随附性这一主张根本上而言是对还原途径的探索，是在保证还原的前提下的对还原路径的探究。这一概念包含了对还原可能性的预设，通过这一概念来论证还原的可能性，这是一种循环论证。因此，提出这一概念来回应多重可实现性论题存在一定的问题。同样的，对于有机体与环境关系的还原性问题，如果通过随附性的主张——即将关系属性随附于有机体或各种要素的属性之上，也同样存在循环论证的问题。

生态学中有机体与环境关系的形成有多重原因，这些原因分别处于不同的因果链条之上，从而构成了因果的网络。如果对这些因果过程及因果相互作用进行充分分析，并在此基础之上对其进行排序，那么将会发现一个更为精确的、连续的、由无数节点构成的因果网络。在这样一个因果网络上，各个要素并不一定保持同样的属性，例如群落的多样性将对其稳定性造成影响，而物理属性也能够对心理属性造成影响，显然这些属性并非同质属性。因此，对于多重可实现论题的回应，有赖于物理构成论证及因果网络的分析。

还原物理主义认为即使存在多重可实现性的情况，但是非还

143

原物理主义对心理属性和物理属性间的关联仍缺乏有力的说明，属于一种神秘关联论证，这并不能成为充分的拒斥还原物理主义的主张。但这一论证的出发点并非是为还原论进行辩护，而是对非还原物理主义提出质疑。可见，无论是还原物理主义还是非还原物理主义，其均未对心身关系进行真正的说明。

除此之外，金在权对心身关系进行了解释排他性论证：一个事物只有一个原因。例如引起疼痛的原因只有一个。实际上，一个事物的形成是由多个原因经过一个过程才形成的。生态学中，有机体与环境的关系并非一成不变，而是始终处于一种动态变化之中。例如群落在演替过程呈现出不同的性状：多样性、物种丰度或优势物种等的变化。这些变化是多个原因作用的结果，即很难去界定其中的相互作用，因为其本身处于一定的时空变化过程中。更重要的是，这个过程中每个节点的相互作用都是之前作用的累积结果，包含一些主要原因和次要原因。通过解释排他性论证来为生态学中形而上还原论进行辩护显然是不适宜的。

余　论

对生物和环境关系可还原性的讨论，指涉本体论和方法论两个层面。对前者而言，则意味着这一关系本质上是什么的问题，后者则意味着方法上的可操作性问题。就本体论而言，对生物及其环境关系的讨论又涉及两个问题：还原什么？以及还原为什么？作为被还原的对象，生物及环境的关系复杂多样，还存在关系实在论和反实在论的不同辩护可能。作为还原的结果，各种可能的要素背后是复杂的因果网络。尽管因果网络边界的模糊性似乎表明了还原的困难，但实际的研究中，生态学家仍然可以从复杂的因果网络中捕捉到某些关键的要素。因此，这种研究也总体表明了一种还原物理主义的基本主张。

　　讨论生物—环境关系可还原性的前提是生物与环境要素已经分别得以"彻底还原与认识",这是一个形而上的预设。在此基础上,对生物环境关系的可还原性进行研究。如果从形而上水平能够对还原论进行充分的论证,那么这一论证结果将对实际的研究产生重要的指导意义,也将对生态学中持续不断的整—还原争论中的还原论提供有效辩护。故而,无论从生态学哲学的角度,甚或从生态学研究的角度出发,该论题均具有很大的研究空间和研究价值。

　　从形而上角度对生态学还原论进行论证,将有效地辨明还原论的有效性问题。尽管前几章对还原论进行了强还原与弱还原的区分,并得出结论认为强还原是困难的,本章重新提出了还原论的可能性问题,但是这与之前的研究显然不同。对强弱还原论的区分是结合了生态学中整体论与还原论的争论现状,以期在对传统还原论进行批判的基础之上进行还原论的重新界定。本章以有机体与各环境要素的彻底还原为前提,对两者之间关系的可还原性进行论证,属于形而上层面的还原论论证。由于生态学还原论的研究中,形而上层面的相关研究尚属空白,因此本章更立足于对有机体与环境关系进行详尽分析的基础之上,对两者关系的可还原性进行初步的论证。

第六章

不同尺度下的生态学还原论

第一节 生态学:一门更为宏观的学科?

随着人类不断深入探索自然世界,作为认识的结果,逐渐形成了各种专门化的知识,并被划归为不同的学科体系。例如,物理学关注物质运行的普遍规律,而生命科学则关注有机体的各种变化及其原因。科学家往往将研究对象归为不同的层次,这些层次自下而上分别为:微观粒子、基因、染色体、细胞、器官、有机体、种群、群落、生态系统、人类社会等。这一分类理论被称为"层级理论"。相应地,各学科也依次排列为物理学、化学、个体生物学、生态学、社会学等,即根据研究对象的不同层次,不同学科也呈现出有序的结构,即"学科之链"。根据日常经验,物理学、化学等被视为"微观"学科,生态学、气候学等被视为"宏观"学科。问题在于,当我们说到"宏观",或者"微观"的时候,我们究竟在说什么呢?

进一步地,这种"宏观""微观"的经验认知实际上也影响科学方法的选择。例如当对种群结构进行研究时,生态学家更倾向于从个体角度进行溯因,而群落生态学的研究不仅考虑到种群影响,还将生态系统的影响考虑进来,但是群落生态学的研究中很少关注个体影响。不同的学科序列决定了其研究内容和主题的不同，生态学研究者往往并不关注个体生物的生理变化，个体生物学研究者则更多关注个体的生理指标，而不是有机体与外界的关系。同时，不同的问题集所涉及的问题情境会有很大不同，比如从生态系统的角度来看，群落属于时空稳定的实体，但是从物种的角度看，群落不过是物种的短暂集合。

生态学与物理、化学等学科不同，其研究往往具有如下几个方面的特征。

第一，研究对象的尺度跨度非常大，从分子、个体到生态系统、生物圈。

第二，不同研究对象的层级结构紧密，即个体与种群直接相关、种群和群落直接相关，而群落和生态系统直接相关。

第三，不同子学科的研究层次结构突出，涉及分子生态学、个体生态学、群落生态学等子学科。与其他学科进行比较，可以更明显地发现这种不同：例如，生物学的子学科包括生理学、生物化学、遗传学、细胞学、植物学、动物学等，这种学科结构并无明显的层次秩序。因此，生态学学科中层次、尺度等问题比其他学科更为突出。

生态学具有典型"复杂性"特征，这种复杂性很大程度上与其复杂的层次结构、多尺度效应具有直接关联。对层次及尺度问题的梳理可以对"复杂性"问题进行部分解释。生态学子学科由于研究对象的不同，通常被认为应采取不同的研究方法：分子生态学、个体生态学等被认为应采取还原论的研究方法，而生态系统生态学、景观生态学等被认为应采取整体论的研究方法。同样的，与物理、化学等学科相比较，生物学主要研究个体的生理生化过程，化学主要研究分子原子间的反应，物理学主要研究更为微观的粒子的变化。

相对而言，生态学似乎被排列到了这个自然学科链条的顶端，也因此往往被认为更应采取整体论的研究方法。可见，人们通常将"大"或"宏观"的学科与整体论相联系，将"小"或

147

"微观"的学科与还原论相联系。显然,这种所谓的"宏观"或"微观"是一种经验的判断。根据这种经验判断,生态学家对不同的学科研究容易采取不同的研究方法。

那么,分子生态学等"微观"的学科是否更采取还原论的研究方法吗?生态系统生态学等"宏观"的学科则不适宜采取还原论的研究方法吗?进一步地,相对其他自然科学而言,更为"宏观"的生态学是否不宜采取还原论策略?这些"宏观"学科或者"微观"学科根据什么进行判断?生态学存在怎样的分类和排序呢?层次、尺度、层级等概念存在什么不同呢?在对这些生态学概念进行梳理的基础上,可以进一步对生态学中还原论方法的运用问题进行回答。

20世纪80年代以来,生态学领域对尺度与层次等问题也曾展开了广泛的讨论与深入的研究。这些研究对辨明还原论方法的有效性问题提供了有力的支持。由于这些问题涉及研究的可操作性问题,因此主要是在方法论层面下的一种讨论。同时,尺度和层次也是生态学对象本身所固有的属性,因此这一问题也具有本体论的色彩。

第二节 层级、层次及其所产生的问题

148   20世纪60年代以来,生态学研究者围绕着层级理论展开了许多专门的研究。这些研究主要关注复杂生态系统的层级结构、功能及动态等方面。那么,这种层级是否是对自然的真实描摹呢?层次又是如何划分的呢?进一步地,为什么有些现象被认为是低层次现象,而另外一些现象则被认为是高层次现象呢?层次和层级的研究与生态学中还原论的运用存在什么关系呢?

一　自然是有序排列的吗？

就人类所处的自然环境而言，生命的形式种类可谓不可胜数。自亚里士多德起，人类便展现了对生命形式多样性的浓厚兴趣。亚里士多德认为所有生命形式同处于一条"阶梯"上，彼此等级分明，秩序井然，且不会发生变化。人类处于这一链条的较高端的位置。对于中世纪的神学家而言，意味着上帝的某种预先安排。同样固定不变的还有"完美的天空"。直到 1735 年，林奈出版的《自然系统》一书仍严格遵循"物种不变法则"和"上帝创世之说"。但同一时期的博物学家布丰则开始关注生命及其演化，他 1745 年出版的《自然史》直接挑战了此前的静止生命观，并进而促使了拉马克与达尔文等对物种变化原因的探索。

就近现代科学而言，静止生命观已经被进化思想所完全颠覆，但是自然有序的思想却依然存在，在生态学领域尤为如此。这与生态学对博物学传统的继承不无关系：生态学关注生命多样性、平衡性、物种进化等问题。生态学家围绕层级理论展开了许多专门的研究。例如，MacMahon 等对传统的层级理论进行了完善，认为生物个体层级以下的研究关注其组分结构，对细胞、大分子、分子及原子的研究正呈现了这种倾向，而生物个体层级以上的研究则关注三类问题：系统发育的变化；集群内部生物间的相互作用；物质和能量的交换。其中，生物个体可以视为微观和宏观的一个交点。邬建国等从景观生态学的角度对时间尺度、空间尺度等不同效应进行研究。常杰和葛滢等从不同层次间的结构相似性入手建立了生物系统谱。总体而言，生态学领域中，对层级问题的研究侧重结构、功能及动态几个方面。那么，在生态学的语境中，层次是什么呢？层级又是什么呢？二者本质上是什么关系呢？对这两个概念进行语义分析，可以发现：

首先，层级和层次不同。前者是生态实体的一种有序排列，而后者是实体在层级中的位置。这里涉及两个核心问题：其一，如何划分层次？其二，不同层次又如何进行排序？或者说，为什么有些现象被认为是低层次现象，而另外一些现象则被认为是高层次现象呢？

根据层级理论，自然界的各种实体由下至上排列为一条直链。实际上，自然给人类所展现出的图景往往是混沌的，并未呈现任何的层级结构，也并未自然地分化为个体、种群、群落等层次。例如，细胞不仅由细胞器构成，还包含一些由脂质成分构成的胞膜结构，以及一些离散的微量元素，但是根据层级理论，细胞仅仅由细胞器构成，并不包含这些胞膜和微量元素，这显然与研究的结果矛盾。可以说，层级及层次是研究者出于研究的需要，从而达成的一种约定。这一约定的原则是简单化和有序化，而主要方法是将混沌的自然中各类自然实体进行区分并排列。因此，层级是一种实体的有序排列，而层次是实体在层级中的位置。进一步的问题是，如何区分这些层次？层级结构又如何进行排序呢？

对层次的划分首先需要一定的标准，基于某种分类标准，所有的实体可以被归于不同的类别。不同的分类标准可能得出不同的分类结果，并揭示出不同的部分间的关系。对于研究者而言，其考虑的可能有两点：研究需要什么样的标准？研究对象之间存在什么不同？前者指根据研究的需要制定某种分类的标准，后者是从具体案例中进行抽象和提取得到相关属性进而进行分类。借助这些分类标准，实体被分为不同的类别。但是，这种类别仅仅是分类的结果，与层次还存在不同。因为层次不仅仅是分类的结果，还是排序的结果。不同的类别可能仅存在类别属性的差异，却不一定具有序列关系。只有当不同的类别产生了序列关系，类别才成为了层级结构中的层次。因此，将不同类别纳入同一序列并进行排列也同样需要一定的标准，生态学中的层级结构正是这种分类和排序的体现。

二　层次的划分

自然界实体被分为不同的层次，可能存在组织、空间、时间三个主要的考量要素。

通常所说的层次首先是根据实体的组织水平进行的区分，例如细胞、个体、种群等。组织水平是区分层次的首要指标，例如一头大象与一条毛毛虫尽管空间尺度相差甚远，但两者均属于有机体的层次。另外，研究发现脊椎动物的体重与早期脊椎动物的体重呈明显差异，植物断层也揭示了随着时间的推移其尺寸的变化，但是无论时空尺度发生怎样的变化，实体本身所属的层次并未变化。因此，对层次的划分首先是依据组织水平而非空间或时间尺度。由此而言，层次的划分至少是部分地为真，或者说可以部分反映自然的内在结构。

根据组织水平的不同，实体可以分为微观粒子、细胞、个体、种群、群落、生态系统等不同层次。其中，微观层面如细胞、个体等实体通常是自然实体，但是宏观层面如群落、生态系统等则并非是自然实体，其并不具有相应的组织水平。那么，这些非自然的实体是如何划分的呢？可见，层次的划分还涉及其他的要素，比如时间尺度、空间尺度等。[①]

虽然层次的区分首先以组织水平为依据，但是各种组织的边界对不同组织的识别起到了重要作用。例如，细胞的边界、个体的边界及景观中不同类型斑块的边界等，通过边界不同的实体得以区分。对于有些问题，例如为什么此种群属于这一群落而不属于另一个群落，也可以通过边界来进行解答。

根据组织水平的不同，各实体被划分为不同的类别，但是这些不同的类别之间却不一定存在关联，而存在于同一时间或

151

---

① Wu Jianguo, "Hierarchy and Scaling: Extrapolating Information along a Scaling Ladder", *Canadian Journal of Remote Sensing*, Vol. 25, No. 4, 1999, pp. 367 – 380.

空间的实体却存在一定的关联，这种关联也可能仅仅是时空的一致性，也可能是高层次和低层次的关联。通过时空的限制，不同组织层次的实体被链接在同一条层级链上，对生态学现象的研究和解释也只有在同一层级链上溯因才是可能的。另外，实体的组织水平作为层次划分的依据被广泛认可，时间和空间尺度也被广泛接受。例如对于毫米、年等空间或时间单位，生态学家均认可其含义。因此，时间尺度和空间尺度也可以作为衡量实体的一个标准。

与组织水平不同，尺度仅仅在操作中才具有一定的意义。如果没有操作，就谈不上实体的空间或时间尺度。或者说，组织水平是实体在观察之前已经具有的属性，而时间尺度或空间尺度与研究者的观察行为相联系。当研究者对实体进行研究时，根据其之前的认知，该实体属于哪一种组织水平是不需时空测量便可以确定的，但是实体的尺度由其物理维度所决定。

三　层次的排列

在同一层级链上，层次与实体的空间尺度相关。组织层次越高的生态学现象空间尺度更大，而低层次生态学现象尺度更小。例如，群落的空间尺度大于种群，种群的空间尺度大于个体生物。值得注意的是，不同层级链上的层次与实体的空间尺度并不相关。例如，一群大象的空间占有率和一个小型的池塘是差不多的，但是一群大象却仅仅属于种群层次，而同样面积的小型池塘本身已经是一个生态系统。因为大象种群与小型池塘生态系统两者不在同一层级链上，大象种群可能属于某草原生态群落，而小型池塘生态系统中绝对不包含该大象种群。因此，层次与实体的空间尺度的关系是相对的，在同一层级链上两者呈相关关系。

不同层次的生态学现象或过程往往呈现出不同的时间特征。通常高层次的生态过程通常变化较慢，而低层次生态过程变化较快。比如，栉毛虫与草履虫的捕食关系呈周期性振荡，但这一时间值明显低于群落演替的时间，后者往往从几年到几十年不等。高层次生态过程与低层次生态过程时间速率也呈相互影响、互相制约的关系。生态系统的变化快慢会直接延缓或促进系统内部种群过程的时间速率，而种群优势物种的不同也决定了可能的生态系统的过程速率。研究发现，冰川时期群落内部物种的聚合速度更快，即物种仍保持稳定，但是群落的变化速度加快。因此，对不同层次的生态学过程的速率研究可以促进相关的解释和说明①。

总之，生态学层级结构的层次可以通过组织水平、空间尺度、时间尺度三个指标来考量，或者说通过组织水平来区分的不同层次呈现出了时间和空间的异质性。一般而言，同一层级结构中的高层次的现象或过程往往具有大尺度、低频、低速的特征，相反同一层级结构中的低层次的现象或过程往往具有小尺度、高频、高速的特征。这种时空的异质性也是复杂性现象产生的根本原因。

四　层级结构的一些问题

（一）层次划分的经验判断

层级结构使复杂现象变得简单和相对有序的同时，其本身也存在一些缺陷。首先，层级结构并非对自然秩序的真实反映。尽管许多层次的划分是以时间、空间或组织尺度进行划分，从而在一定程度上反映了生态学研究对象的不同特质。但是路伊金等人认为，这种层次的划分仍然包含了一定的主观任意的成分。例如，阿亚拉等人提出的层级理论中，与器官相比较，有机体属于

153

---

① May R. M., "Will a Large Complex System be Stable?" *Nature*, Vol. 238, No. 5364, 1972, pp. 413 - 414.

高层次，而器官属于低层次。

问题在于，为什么器官所属层次低于有机体所属层次呢？即如果器官有助于有机体部分功能的实现，那么为什么不可以认为有机体是为了器官的功能而存在呢？同样，生态系统为什么不是为了生态个体而存在？即层级的划分并未说明为何有些层次相对而言是高层次，而有些则是低层次，也许对这一问题的回答可以通过两种实体所处的空间或时间来进行分析。

从时间和空间的角度而言，这种主观任意的划分实际上是一种经验判断，这种判断来自于观察者的感性直观。根据阿亚拉等人的层级理论，层级是由微观粒子到生态系统形成的一条直链，但是实际情况却并非如此。例如，生态系统由有机部分（群落）与无机部分共同构成。自下而上对层级理论的链条追索，似乎生态系统仅仅由群落构成，其中并不存在无机物质的位置，这显然与实际情况是不符的。根据实体的层级结构，自然科学的各学科也呈现出一条相应的学科之链，进化生态学等学科很难在此学科链上找到合适的位置。因此，层级理论并非是对自然结构的真实描摹，至少其是尚待完善的。

(二) 源于研究的需要进行层次划分

层级结构所导致的问题与其对各层次的定义相关，例如景观这一层次是否恰当有赖于对景观的定义。这种定义往往是出于研究的需要，是生态学家之间进行的一种人为的约定。实际的研究中，每一层次的概念均来源于研究的需要。例如，有机体集合在一起形成种群，但是如果没有研究需要的话，生态学家也没有必要将这一集合定义为种群。最终如果这一概念被接受，就表明这一约定达成。反之，则被拒绝。对于景观这一概念，并不存在错误或正确与否，只是有赖于生态学家对其最终的定义。如果生态学家一致认为景观仅仅包含地面所属的无机物质部分，那么当前约定的层级结构将发生变化。景观属于低层次，而生态系统属于高层次。因此，层级结构与层次的问题有赖于生态学概念的完善与发展。

沃森（Reg Watson）对一个湖泊生态系统的过程速率进行研究。他们将这个系统分为几个部分，最终发现通过三种研究方法得到的组成部分速率的次序是不同的。在任何一个排列次序中，各部分均无法相互作用，这一点也在许多其他生态系统的研究中也曾经出现。可以说，生态系统不能简单运用层级理论来进行研究，实际情况可能复杂得多。

由于不同的观察可能需要不同的解释层次或情境，因此可能出现的情况是 n 个不同的观察可能需要 n 个不同的解释情境，而这显然与层级理论的简单化目的相悖。对于这种情况，尽管可以通过抽象的方法进行层次的整合，从而消除相关的"干扰"或"噪声"，但是这种主观的结果是可能忽略一些关键的信息。这迫使生态学家不得不重新考量情境的问题，从而将一些层级结构之外的要素纳入解释体系。这种研究的需要成为了新的研究热点，吸引了大批的生态学家专门进行研究，这些生态学家认为生态学的复杂现象根本原因是各现象的时空异质性。对生态学现象的研究不仅仅需要层级理论，也需要从时间尺度和空间尺度等角度进一步做出分析和研究，或者说从层次理论所蕴含的时间和空间的角度来进行深入研究。

155

第三节　层次与尺度

尺度是生态学近年来的一个新的研究方向。生态学中的尺度大致可以分为两类：一类是组织尺度，另一类是测量尺度。测量尺度主要包括时间尺度和空间尺度。前者反映了研究对象自身的属性，后者反映了研究对象的外在属性。

一 尺度的识别

（一）研究对象的内在尺度——不同的组织或功能水平

组织尺度是指研究所涉及的生态学对象的组织层次，如细胞、器官、个体、种群、群落等的考量。组织尺度是内在尺度，这种尺度并不因研究的需要发生变化。但是组织尺度仍然来源于科学家所主张的自然世界的等级结构中，由相应实体在等级结构中的位置所决定，例如个体尺度、群落尺度或景观尺度等。因此，这种尺度与层次相关，即在同一层级链上不同的层次具有不同的组织尺度，或者不同组织尺度的生态学实体分属于同一层级链的不同层次。由于根据等级框架划分的层次是固定的，因此相关的组织尺度也是固定的。同时，组织尺度和功能尺度的时空量度却是模糊的。例如，单只的大象和蚂蚁的空间尺度差异较大，但是却同属于个体层次。可见，即使同样组织尺度的生态实体，也可能存在较大的时空差异。为了对研究对象有更精确的认识，研究尺度不仅涉及组织尺度，还需要考虑测量尺度的选择。

（二）作为外在尺度的时间尺度与空间尺度

生态学的外在或测量尺度有两种，分别是时间尺度和空间尺度。测量尺度的概念包含了几层含义：首先，尺度为一种物理量度，因此该量度具有一定标准——时间或空间，即尺度既是一种时间概念又是一种空间概念；其次，尺度是主体的一种观察结果，即这种尺度是一种观察尺度，包含了具体的测量和测量单位的选择，并通常以时间和空间为单位进行测量；另外，和组织尺度相比较，测量尺度是精确的，往往表现为具体的数值。

总之，尺度是对生态学现象的一种量度，这种量度需要以生态实体的组织尺度为基础。值得一提的是，尺度与尺度范围的概念不同。尺度范围具有一定的不确定性，例如景观生态学的空间尺度范围可能为几平方公里到几百平方公里，时间尺度范围可能为几年或者几百年。本质上而言，时空尺度不是一个事物，而是事物的物理维度。

就生态学的某项研究而言，其中涉及的尺度是多个层面的。首先，研究对象具有一定的组织尺度，例如个体尺度或景观尺度，研究对象自身还具有一定的时间尺度和空间尺度，后者是研究对象所占据的时间和空间所决定的。

其次，研究者需要制定或选择研究的尺度，这一研究的尺度通常是指测量尺度，即以什么样的空间尺度或时间尺度来研究这一现象。这种研究尺度的选择不仅仅需要考虑研究对象的尺度，还需要考虑整个研究情境或者研究背景的尺度。有些时候，研究的尺度要大于对象本身的时空尺度，这是因为情境中也包含了一些关键的解释信息，研究的尺度需要将情境要素纳入进来。因为如果研究情境不同，对同一研究对象的结果可能是不同的。

任何一种生态学现象或生态学实体都同时处于一定的时间或空间中，相应地应该具有一定的时间尺度和空间尺度，可以说时间和空间是现象的两个主要维度。例如，同样的观察条件下，物种比群落变化更快，空间尺度也更小。实际研究中，生态学家更倾向于将其中一个作为常量，而另一尺度作为变量进行多次测量和研究。在当前的研究条件下，生态学家更多将时间作为常量，而空间的变化例如繁殖、死亡等作为变量进行考察，对空间变化的研究会集中在某时间范围内。但对于一定空间尺度下，生态学过程的时间尺度的异质性研究则显得比较薄弱。

157

目前，生态学中对尺度的研究成为一个重要的研究方向，这一点最直接的反映是近年来涌现了大量关于尺度的文献和著作。这些研究集中在时空尺度、组织尺度及功能尺度方面，还有些从环境保护、法律、管理等角度进行的政策尺度研究。当然，其中最热门的研究仍然是时空尺度方面的研究。目前来看，这方面的研究也已经足够深入。例如，在景观生态学中对空间尺度的研究已经深入到空间分辨率（粒度）及区域大小（范围）等方面。对研究对象的尺度分析可以使其与其他的实体或现象得以区分，对研究情境的尺度分析可以使研究更具针对性。从某种意义上而言，这正是生态学家对复杂现象的一种更深入的梳理和分析。

二 生态学研究中尺度的选择与转换

生态学的研究结果往往与尺度相关。例如，外界的干扰会影响群落的稳定状态，当外界干扰的尺度大于群落尺度时，那么此时群落是不稳定的；当外界的干扰尺度小于群落尺度时，那么群落处于稳定状态。因此即使森林里的树木不断遭到砍伐，但是由于砍伐的树木的尺度远小于整个森林的尺度，使得整个森林仍然处于稳定状态。这里无论是树木的组织尺度还是测量尺度都小于整个森林的尺度，其并不能改变整个森林的稳定状态。实际的生态学研究中，研究者需要首先识别研究对象的尺度特征，然后在此基础之上进行研究尺度的选择。只有当研究的尺度与对象尺度相吻合，研究结果才可能是有效的。

（一）研究或测量尺度的选择

那么，就一片叶子而言，其空间尺度是多少？其时间尺度又是多少呢？如何选择其研究尺度呢？如果对其时空尺度进行测量，那么其测量单位是什么呢？如果研究者仅凭自己的经验判断来盲目研究，就可能导致研究结果出现偏差。例如在 $10000 m^2$ 的森林中，树木呈均匀分布的状态，但是从 $100 m^2$ 的范围来看，树木就可能呈聚集分布的状态。这里对森林的尺度识别包含两个方面：一方面森林的组织尺度为群落尺度，另一方面其空间尺度大概为 $10000 m^2$ 或 $100 m^2$ 的空间尺度。

再比如对于森林的演替过程，如果研究的时间尺度短，那么可能得出线性演替的结论，但是如果研究的时间足够长，可能得到的是一个循环演替的结论。基切尔（J. Kitchell）对水生生态系统的研究表明，藻类生产力与浮游生物生产量三天测量一次呈负相关，六天测量一次呈正相关[①]。这说明对于同一组织尺度的研究对象，如果选择不同的测量尺度，可能得到不同的研究结果，这些都是生态学研究中尺度效应的体现。

尺度效应进一步体现为选择不同尺度就是选择了不同的解释要素。例如，在大陆尺度上，气候、温度、湿度等通过动力学作用决定了系统净初级生产量的时空格局，但是在一个地表蒸腾作用和温度相对同质的区域内，净初级生产量主要由土壤、地形及地貌决定。根据尺度效应的观点，克莱门茨和格里森关于群落形成的不同观点也可以部分得到解释和调和。此外，时空尺度存在直接和间接两种不同的效应。如果某个生态现象只有在特定的时空尺度下才能够被观察到，那么这一特定的时空尺度的效应是直接的；如果在特定的时间和空间尺度下，并不能观察到某种生态现象，但是该尺度下的生态过程造成了毗邻的空间或时间区域内系统的变化，那么这种时空尺度造成的是间接的时空效应。

值得注意的是，对于叶片等研究对象而言，通常其测量单位是明确的，例如对叶片的空间测量通常以毫米到米为单位。但是大尺度的生态系统等的测量单位是较难确定的，有赖于大尺度时空测量工具的发明。测量尺度的选择除了需要考虑解释的有效性外，还需要考虑实际的可操作性。通常而言，对测量单位的选择与研究的整体范围有关，即对这样范围内的生态学现象或实体的研究，其最小可识别单位是什么的问题，例如一个草原生态系统的最小可识别单位是多大？或者草原某区域内群落的最小可识别单位是多大？这两个研究所选择的测量尺度可能是不同的。

159

---

① ［美］梅：《理论生态学》，陶毅等译，高等教育出版社 2010 年版，第 116—121 页。

从这个角度而言，测量尺度是一种相对尺度，更多是基于研究的需要。测量尺度与内在尺度即组织或功能尺度相比较，前者属于方法论范畴，而后者属于本体论范畴。生态学现象或实体的内在尺度独立于观察的需要之外，属于生态学现象或实体的自身特质。

（二）尺度上推和尺度下推

尺度的选择与研究结果紧密关联，只有测量尺度和内在尺度相符合，现象的研究才可能是合理的；只有实验尺度与建模尺度相符合，实验与理论得出的结果才可能是相关的；只有政策尺度与问题尺度相一致，政策才可能是有效的。

由于生态学的同一现象往往有多种可能的尺度，生态学家通常使用尺度转换的方法来避免问题的混乱。这种尺度转换通常有尺度上推转换（up-scaling）和尺度下推转换（down-scaling）两种方法。通过不同方向的尺度转换，不同尺度间的信息被"翻译"。

对于同一问题，不同的研究尺度可能选择关注的变量会不同，尺度转换方法强调对这些变量之间的关系进行分析，并通过这种方法来捕捉到数据间的相似性。实际上，这种方法与个体生物学中的异率测定方法类似，是测量时空异质性事物或现象的一种方法。目前，尺度转换方法在生态学中尚属于初期研究阶段，还存在一些需要解决的问题，例如尺度上推转换将小尺度信息翻译为大尺度信息，这将造成部分细节的丢失；尺度下推转换将大尺度信息翻译为小尺度信息，这将会导致在大尺度可以呈现的重要模式或过程无法得以呈现。同时，非线性的相互作用、时滞、反馈等会对这种尺度转换方法形成挑战。总之，对于生态学家而言，无论是尺度的识别还是尺度的转换都是生态学研究的重要方法。尺度的研究也可以促进相关生态学概念及定义的发展，这将有力地促进生态学理论的整体发展。

160

三 尺度和层次存在什么关联？

生态学家通常混淆了尺度与层次这两个概念。例如，在景观问题的研究上，有些文献是景观尺度，有些是景观层次。许多研究同时使用这两个不同的概念。但是，尺度与层次这两个概念的含义是不同的，对这两个概念的混淆使用也不利于研究的进行。例如上向尺度转换策略是指从小尺度到大尺度的信息的转换，但是如果尺度与层次的概念混淆，那么这种策略就可能成为从低层次到高层次的信息转换。这里的问题是，低层次的时空尺度未必小于高层次的时空尺度，而且当尺度改变的时候所观察到的层次是不同的。

（一）本质不同的两个生态学概念

层次与尺度是两个不同的生态学概念。层次是实体在层级结构中的序列或位置。尺度是对生态学实体或现象的一种考量和维度。层次往往通过实体的组织水平及功能特征所决定，通常被分为细胞、个体、种群、群落、生态系统等层次，每一个层次占据一定的时间和空间特征。尺度由生态学实体自身的组织尺度决定，同时通过测量等操作又呈现一定的时空尺度的特征。另外，层次通常具有离散性。例如个体层次与种群层次之间并非连续、无断点的，但是时空尺度通常是连续的。正由于层次的这种离散性，使得自然混沌的图景被简单化和有序化，也为还原论的运用提供了基础。

（二）层次与尺度的相互依存关系

层次主要体现的是生态学实体的内在特征：组织水平，尺度体现的是生态学的外在特征：时空属性。但是，这并不意味着层次与时空尺度毫无关联。

161

　　首先，尺度尤其是时间尺度与空间尺度促进了层次的辨识。尺度分为测量尺度和组织尺度，测量尺度又分为时间尺度和空间尺度。对同一层级链而言，时间尺度和空间尺度不同，则所研究的层次不同。例如，根据不同生态学过程的不同时间速率，可以认为其分别处于不同的层次，从而将层次与层次区分开来。尽管这种时间速率与时间尺度含义不同，前者是生态学过程的一个变量，但后者仅仅是对生态学实体或过程衡量的一个物理量度，通常其表现为一定的数值。当一个生态种群的增长速率是个/年，这并不表明其时间尺度就一定为一年，可能是几十年或几百年。但是，时间速率仍然与时间尺度相关，通常时间尺度大的生态学过程往往比同一层级链上的低层次生态学过程速率低，变化频率也小。相反，同一层级链上的低层次生态学过程则速率高，变化频率大。层次的区分不仅仅依据实体的组织水平，也取决于其空间和时间尺度。因此，尺度是判断实体在层级链中位置的根据之一。

　　其次，层次则提供了尺度选择的依据。生态学研究对尺度的选择往往会影响研究结果的真实性，其中尺度的选择主要是指测量尺度即时间和空间尺度的选择。由于层次通常根据不同实体的组织水平进行区分，因此这种组织水平往往能较快地区分为相应的组织尺度。但是同一层级链上，不同层次的实体仍处于一定的空间和时间中，对其测量尺度的选择与其本身的空间和时间维度有关。例如，在层级结构中，有机体是处于种群之下、细胞之上的一个层次。通过有机体的组织层次，研究者可以确定其观察对象。这一被观察的有机体的尺寸、体积等可以用来识别其空间尺度。但是，不同的有机体其尺寸可能差异很大，因此即使同一层次的有机体有可能具有不同的空间尺度。

　　种群的定义来自于有机体间的相互作用，群落的定义来自于种群间的相互作用。通过这种相互作用，不同的组织层次被刻画。由于这些组织层次具有一定时间尺度和空间尺度，例如生态系统中的营养物质的循环时间表征了其时间尺度，而循环所占据的空间表征了其空间尺度。这种相互作用具有一定的时间尺度和空间尺度。如果尺度转换，则可能导致一些新的相互作用或关系出现在观察者的视野中，即层次发生了变化。相应地，不同的相互作用需要不同的观察尺度，这种观察尺度不仅是生态学研究对象自身的时空尺度决定的，也是这种层级结构决定的：种群层次之上便是群落层次，这两种层次间还不存在中间层次，或者说，层次往往是间断的、不连续的。时间尺度与空间尺度却可以是连续的，这种尺度与层次的不对称性决定了在层级结构的基础上进行的研究需要考虑尺度的选择和尺度的转换。

尺度与层次这两个概念并非是一对矛盾的概念。在确定的层级链中，层次越高尺度越大，层次越低尺度越小。在给定的研究尺度之下，时空尺度越大则层级越高，时空尺度越小则层级越低。因此，尺度实际上可以作为一种观察层次，而层次也可以分为"类型论层次"与"尺度论层次"两种，其中前者主要指的是组织层次，后者主要是指时空尺度的不同所区分开的不同层次。

四　层次、尺度与整体论—还原论的选择

对某层次的生态学现象进行研究时，研究者可能会采取两种不同的策略。一种从更高层次来寻找现象背后的原因，另一种从较低层次来寻找原因。前者属于整体论讨论的范畴，后者是还原论的讨论范畴。两者不同的研究思路涉及的时空尺度也不同，例如当对种群结构进行研究时，如果从种群所在群落进行解释，那么研究尺度至少与群落的时空尺度相一致，如果从种群内部个体的角度进行解释，那么研究尺度至少与种群的时空尺度保持一致。这种尺度的选择不仅仅和研究的需要相关，还与研究条件紧密关联。如果所选择的研究尺度较大，意味着研究所需的方法、技术及设备等都有必要满足这一宏观尺度的需要。这种研究的条件如果不能被满足，则意味着相应的研究结果可能是缺乏解释的

163

效力的。因此，从实际的研究角度考虑，还原论仍然是目前生态
学研究的可优先考虑的方法论策略。

第四节　空间、时间与还原

在实际的生态学研究中，许多研究者主张仍然采取还原论的
方法论来指导研究。

一　高层次与低层次之间是"整体"与"部分"的关系吗？

天文学家可以预测行星的轨道，因为其处于一个由较少数目
的行星和太阳构成的系统中。物理学家也可以预测空气的质量，
因为其处于一个相对同质的粒子构成的系统中。但生态学家却无
法预测蝴蝶翅膀的振动所可能带来的生态学效应，因为生态世界
是一个时空异质的、数目庞大的系统，其包含了太多的相互作用
的组成部分。当前的生态学研究所考虑到的因素却通常是有限
的，这种研究的有限性决定了对研究对象及问题的筛选和精简。
层级结构和层次无疑可以使得一切变得简单和有序。生态学家研
究的内容从低层次的 DNA 结构到高层次的碳循环过程，这些研究
主题被分置于不同的层次框架下。然后，生态学家可以从不同层
次间的因果关联来寻找解释的信息：或者遵从上向研究策略，或
者沿着下向研究策略溯因。另外，与低层次生态学现象相比较，
高层次现象往往意味着所暗含的生态学对象数目更少。例如一个
小型池塘尽管是一个生态系统，但却仅仅为"一"，而池塘中的
鱼类种群的数目往往要超过此数目。因此，高层次和低层次之间
存在整体与部分的关系。这是生态学中运用还原论的具体体现，
通过还原论的方法至少使生态学家在错综复杂的信息中找到一些
线索。

二 从空间尺度看生态学还原论

（一）空间异质性与因果关系

每个生态学实体、现象或过程都具有各自的空间尺度，或者说空间尺度影响着每一个生态学实体、现象或过程。但是，由于生态学实体、现象或过程的空间尺度各不相同，因此整体上呈现出一种空间的异质性。这种空间的异质性体现了不同实体间的一种空间关系[①]。

从层级结构的角度而言，从微观粒子、分子、原子、基因到种群、群落及生态系统等，不同的层次均体现出了一定的空间异质性。例如就分子的层面而言，水分子包含两个氢原子和一个氧原子，且氢原子与氧原子的空间尺度并不相同，这些空间占有率和空间关系的不同形成了水分子独有的内部结构；就基因的结构而言，一条DNA链上的四个不同核苷酸的数目、比例等可能决定了复制、转录和翻译后所形成的蛋白质的基本结构；就种群的结构而言，具有不同空间尺度的个体或物种最终形成一定的种群结构；就景观而言，不同空间尺度的生态斑块与相应的缀块因子结合在一起，构成某种特定的景观格局。可以说，无论是宏观还是微观层面，尺度始终对实体内部的结构或空间关系产生重要作用。

这种实体间的空间关系往往会产生一定的空间效应。例如，核苷酸大分子的键角决定了DNA的双螺旋结构；DNA链条上某特定位点的氨基酸可以起到起始或终止基因复制的作用；血红蛋白的结构保证了铁离子的螯合。生态学中这样的例子也比比皆是，例如种群的高密度将会对种群增长造成时滞作用；捕食者与

165

---

① 蒋柯等：《从因果性到空间关系》，《自然辩证法研究》2007年第7期。

被捕食者的数量会影响捕食关系的变化等。

因此，对某种实体或现象产生作用的不仅仅是各种要素，还包括要素间的空间关系。生态学现象往往是多种要素作用的结果。还原论方法论通常主张的是通过分析研究所涉及的各个要素来对整体进行解释。这种解释不仅仅需要对各个要素进行单独的研究，也需要对不同要素由于位置、形状、数目、密度等所造成的不同空间关系或结构的研究。生态学还原论在方法论层面的运用也应注重空间尺度的重要性。

（二）人类的观察尺度与生态学还原论的运用

从空间尺度的角度而言，生态学还原论方法的运用除了需要重视空间尺度与因果性间的关系外，还应该注意空间尺度，尤其是测量尺度的可操作性问题。还原论方法主张以较低层次为根据研究高层次的实体或现象，整体论方法主张以较高层次为依据研究低层的实体或现象。奥德姆等生态系统生态学家认为对于大尺度的学科，例如生态系统、景观生态学等应采取整体论的研究策略，还原论方法论只适合指导微观领域的研究。但是，更多的生态学家认为无论是景观生态学，还是微生物生态学或分子生态学等，均需要整体论和还原论的结合运用。就目前而言，还原论方法仍然比整体论方法具有一定的优势。

一方面，还原论方法比整体论方法更加成熟。无论是物理学、化学还是个体生物学的发展都充分证实了还原论方法的有效性。这些领域对还原论方法论的运用也使得其更加完善和成熟。相比较而言，整体论方法论的运用研究却仍然处于起步阶段，并没有许多学科广泛运用的成功积累，或者说整体论概念根本上还需要认真考察和界定。另一方面，对于人类的观察尺度而言，还原论方法更加具有可操作性。大尺度领域内，全球生态学、生态系统生态学等目前所主要采取的一些研究的具体研究方法为全球定位系统（GPS）、遥感（RS）、地理信息系统（GIS）等。

这些方法从宏观尺度上给出了现象的变化趋势，但是却缺乏细节及内在的机制解释。与此相反，还原论方法主张通过分析的方法来对高层次现象进行解释，因而其所采取的研究尺度往往与人类的观察尺度相匹配。从分析的角度考虑，甚至有些研究可以从更加微观的角度进行研究。这种研究尺度决定了研究者可以控制研究的各种条件，从而在目标条件下进行观察和记录。因此，人类的观察尺度决定了生态学中还原论方法论仍具有较强的指导意义。

三　从时间尺度看生态学还原论

生态学家关注从有机体到生态系统的各种过程变化，这些生态学过程具有一系列的动态特征，例如种群结构的变化、群落的演替、干扰与扩散等。对于生态学过程的研究所涉及的时间尺度可能是几秒，也可能是几十年。不同的时间尺度下，生态学过程可能具有不同的动态特征。例如较短的观察周期下，捕食者与猎物的关系呈正相关，即猎物多则捕食者也多；如果观察周期延长，捕食者与猎物的关系则可能呈负相关，即捕食者越多猎物越少，并可能出现猎物灭绝的现象；在足够长的观察周期下，许多捕食者与猎物的关系呈现一个周期循环的关系。和空间尺度一样，时间尺度对生态学研究的效应也不容忽视。如果研究者仅仅关注短期的现象，那么许多重要的生态学过程机制将被忽视。

167

那么，从时间尺度的角度如何看待生态学的还原论与方法论呢？还原论方法论主张分析的方法来研究生态学问题，例如对于捕食者和猎物的捕食关系的研究，研究者可以通过对捕食者、猎物、环境要素等及其相互关系的研究来解释捕食作用。其中，捕食关系的变化以时间为变量。但是无论该捕食关系的时间尺度如何，还是研究者所选择的研究尺度如何，对该捕食关系变化的研究总是置于一个整体的研究框架，并未将对象尺度或研究尺度进行时间上的进一步分解和研究。因此，从时间尺度的角度而言，生态学研究往往呈现出一种整体论的特征。进化生态学的研究更是充分体现了这一点，一方面由于目前的生态学研究还缺乏对时间变量的足够重视；另一方面生态学家还缺乏足够有效的时间尺度的还原方法。

事实上，每一个生态学过程都是各种要素的相互作用随时间变化的结果。这一过程的每个时间节点都受到之前的系统状态的影响。如果对每一个节点上的现象进行解释，总会将原因追溯至此前的系统状态。每一个生态现象总是之前状态的结果，又同时是之后的生态现象的原因。张志林认为时间关系是因果性的起源，而时间关系同时又可以追溯至空间关系的变化①。实际上，生态过程中每个节点上的系统状态确实与各要素的空间关系是密切相关的，例如各要素的空间配置、比例、位置变化等。因此，生态学过程实际上反映了随着时间的推移各要素空间关系或结构的变化及趋势。目前，生态学界还缺乏如何从时间尺度进行还原的有效方法，从而将时间关系还原为空间关系，进一步实现生态学过程的还原是暂时可行的路径。

尽管目前时间维度上生态学过程的研究呈现整体论的立场，但这些过程所涉及的时间尺度都较短，至于那些时间尺度较大的生态过程例如物种进化等，生态学家又往往由于观察尺度的限制，总是将研究置于某一时间尺度的框架之下，从而缺乏从整体时间段上的研究。这一点涉及了人类观察尺度的有限性问题。

时间尺度包含两个方面，一方面是研究对象的时间尺度，例如某种群的结构变化的时间尺度可能是几年或者几十年；另一方面是研究的时间尺度，例如种群生态学家对种群结构的变化的研究可能持续多少年。由于人类的研究尺度一般不会超过几十年，而许多的生态学过程例如群落的演替、生态系统的变

_____

① 张志林：《因果律、自然律与自然科学》，《哲学研究》1996 年第 9 期。

化所涉及的时间尺度往往更长，因此最终可能有许多长期的生态变化无法被充分说明的情况。和空间尺度一样，从长期的角度进行研究缺乏可操作性，这是人类观察能力局限性的一个体现。在这个方面，生态学家也越来越重视从长期的视野来进行生态学研究。

例如，古生态学强调从大的时间尺度上进行研究，其时间尺度可能从几百年到几千年不等。古生态学家通过收集大的时间尺度下物种分化及迁徙的证据，对种群结构的变化有了更清晰的认识。这些认识包括时间维度上偶发事件对种群结构的影响，以亚马逊流域西部雨林濒危生物保护区为例研究干扰事件的影响①。通过这些斑块状的区域的研究，生态学家可以对相关的进化过程做出推测。从长期的角度进行生态学过程的研究，不仅能够得到不同的变化模型，同时也有助于对相关短期生态过程的理解。除此之外，从长期的研究视野进行研究，可以对当代生态学理论及其假说进行验证。这种验证并不仅仅是将当代的生态学理论置于一个更为长期的时间框架中重新衡量而已，这种验证能够解释什么原因造成了长期的变化趋势如全球变暖，或者什么原因造成了一个短期的循环如某地区两年为周期的干旱等。

四　生态学的两大范式：格局与过程

空间和时间作为生态学研究的两大维度，主要表现为不同的生态格局和过程。其中，格局与空间尺度相关，过程与时间尺度相关。离开了空间尺度，生态格局将无从研究；离开了时间尺度，生态过程将无从解释。两种尺度相比较，目前的生态学研究更多集中在空间尺度的研究方面，尤其集中在景观生态学领域。实际上，"格局"一词主要在景观生态学领域得以讨论和研究。

169

① ［美］梅：《理论生态学》，陶毅等译，高等教育出版社 2010 年版，第 150—153 页。

广义上而言，生态学的各个层次均存在时空尺度不同所造成的时空异质性问题。虽然因果解释仅仅关注的是时间或空间的异质性问题，并不关注时间尺度或空间尺度本身，但是对这种时空异质性的研究仍需要通过时空尺度的界定。

格局与过程是生态学的两大研究范式。其中，生态格局作用与生态过程，而生态过程则产生生态格局。生态学任何实体或现象都是多种要素综合作用的结果，这些要素间的空间关系发挥了重要的因果作用。随着时间的递进，这种因果作用通过不同的节点传递给其他的实体或现象，从而形成了一个错综交织的因果网络。这一因果网络上的任何节点都处在某条生态过程中，并发挥着一定的因果传递作用。因此，生态过程的任意一点都存在不同要素的相互作用，又因为相互作用的不同要素间的空间格局不同，生态过程总体上是这些格局变化的一个序列或者谱系。

对不同生态格局或过程研究的关键在于时空尺度的选择，这种选择不仅需要考虑研究对象自身的层次，以及其时间尺度和空间尺度，还需要结合可操作性的原则考虑研究的测量尺度，只有两种尺度相匹配才可以有效捕捉其中的相关性信息。

就方法论层面而言，生态学还原论主要存在两个需要解释的问题：复杂现象是否能够运用还原论方法进行研究？大尺度生态现象是否能够运用还原论方法进行研究？其中生态学现象的复杂性是时空异质性导致的，而大尺度的生态现象也需要考察时空要素的作用。最终，这些问题都可以通过对生态学现象的时空尺度分析得以解决。时空尺度是在层次论的框架下，对层次的一种更深入分析和界定。实际的生态学研究所涉及的不仅有研究对象本身的时空尺度，还涉及研究的时空尺度选择问题。

这种研究尺度或测量尺度的选择主要是指时空尺度的选择，一方面需要结合研究对象本身进行选择；另一方面需要根据可操作性的原则进行选择。就可操作性原则而言，还原论方法论具有相对的优势。因为一方面微观领域内理论成果相对丰富，这些可以为还原论方法的运用提供理论支撑；另一方面，相对人类当前的观察和测量尺度及能力而言，还原论方法所采取的空间尺度与其更加相匹配，也因此具有更强的适用性。但是，进化生态学等研究尚缺乏有效的还原论方法，使得其研究富有整体论的色彩。总之，生态学现象背后时空要素与因果结构之间的关系需要进一步深入的研究。

余　论

20 世纪 90 年代，以逻辑经验主义为代表，科学哲学界掀起了"科学的统一"的运动，主张对于因为语义模糊所导致的科学问题，可以通过对语言的还原分析澄清，并进而实现不同学科的统一。后期，基于知识整体论的主张，奎因等人对还原论进行了批判。整体论和还原论的争论是自然科学各领域广泛争论的哲学主题。

科学哲学研究中，该争论普遍与"层次论"联系在一起：整体论者认为高层实体的行为无法完全通过低层实体的行为来解释，还原论者认为低层实体的行为完全可以解释高层实体的变化。因此，无论整体论者还是还原论者，都认为世界是有序的：存在高层次和低层次的差别。层次差异的存在是整体论和还原论的争论前提。对层次概念的分析表明，层次与尺度直接相关，但二者存在不同。

171

自然科学包含许多的子学科，由于研究对象不同，这些学科通常被认为应采取不同的研究方法。正如在生态学领域内，分子生态学、个体生态学等被认为应采取还原论的研究方法，而生态系统生态学、景观生态学等被认为应采取整体论的研究方法。就整个自然科学的"学科之链"而言，生态学似乎被排列到了这个自然学科链条的顶端，也因此往往被认为更应采取整体论的研究方法。显然，所谓的"宏观"或"微观"是一种经验的判断。根据这种经验判断，不同学科的研究者似乎倾向采取不同的研究方法。但研究表明不同学科并不一定采取不同的研究立场。研究尺度较小的学科并非一定采取还原论的策略，例如量子力学等，而一些大尺度学科研究也多采取还原论的研究策略，例如生态系统生态学等。二者相较，还原论的方法更具可操作性。当然，这是相对人类的观察尺度和操作尺度而言。

通过还原实现逻辑经验主义者所主张的"科学的统一"，还面临着还原之后如何综合的问题。否则，单向的还原只会导致学科间的更深鸿沟。这实际上是整体论和还原论的综合问题。其中，跨尺度、跨层次，以及尺度转换、层级结构等是整体论和还原论综合的关键，也是打破学科壁垒、解决跨学科的复杂问题的有效途径，同时也是需要科学哲学研究者给予更多关注的问题。

结论及进一步的思考

通过全文的分析，试图回答如下几个问题。

（一）生态学能够采取还原论吗？

这一问题是生态学还原论研究主题下的核心问题，那么对这一问题的回答有赖于对还原论的不同定义。由于反还原论者和还原论者，生态学家和科学哲学界对"生态学中的还原论是什么？"存在多种不同的认识，因此首先需要对生态学还原论进行界定。根据科学哲学中还原论的研究，并结合生态学的研究实际，将生态学还原论首先分为本体论、认识论和方法论三个层面，也就是说存在本体论还原论、认识论还原论和方法论还原论三种不同的问题情境。另外，根据还原论当前的研究趋势，将这三个层面的还原论均进一步区分为强还原论和弱还原论两种，在此基础上对生态学还原论的可能性进行讨论。

从本体论层面而言，强的生态学还原论通常是没有必要的；认识论层面，就还原形式而言，通过逻辑演绎实现还原的强还原论较少发现，但是部分理论间仍的确存在逻辑导出关系；就还原的功能而言，无论是术语、理论还是现象的还原均呈现一致的弱化趋势，还原是为了"促进解释"，而非"科学的统一"；方法论层面，大多数的生态学家持还原论的研究立场。

（二）认识论层面上生态学弱还原论的具体含义是什么？

认识论层面，生态学还原论的弱化包含形式和功能两个方面。形式上的弱化指不要求理论间的逻辑可导出性，仅强调一种解释和被解释关系；功能上的弱化指的是放弃"科学统一""为了促进解释"而还原。形式弱化和功能弱化并不存在必然关系，即还原功能的弱化并不必然意味着形式的弱化。如果可以通过逻辑演绎来实现理论间或对现象的解释，那么这种还原显然更加明确和有效。相比较而言，功能弱化比形式弱化意义更为重要。明确了"为了解释而还原"，还原论便不再是为了构建"终极理论之梦"的一个工具，这也是尊重科学实际需要的一个体现。

（三）生态学强—弱还原论与激进—温和还原论有什么关系？

首先，强—弱还原论是针对单一层面而言的，激进—温和还原论是针对三个层面的综合而言的。其次，这两种分类的基础不同：生态学还原论的强弱一方面是根据还原论的发展趋势，另一方面是依据生态学中反还原论者的质疑进行的两种定义；生态学激进还原与温和还原主要是结合生态学的研究实际，从研究中捕捉还原论的综合样态。可以说，强—弱还原是激进—温和还原在单一层面上的反映，是一种狭义的激进—温和还原，而激进—温和还原则是一种广义上的强—弱还原，这两者不能截然分开。

（四）谈论"有机体与环境关系的还原"有何意义？

生态学主要研究有机体和环境的关系，因此对有机体和环境关系的可还原性论证具有重要的科学实践指导意义。由于有机体与环境的关系能否得到彻底的还原，即如果对该关系中相关个体的研究足够充分和彻底，那么这一关系最终能否通过个体获得认识这一点无法得到经验的验证，因此，如果从形而上层面这一可还原性可以得到论证，那么生态学家可能需要继续在相关研究方法上进一步提高，相应地对有机体与环境关系的认识也会随之不断被还原和认识；反之，如果从形而上层面论证其具有不可还原性，那么生态学家的还原论策略就失去了指导意义，因此从形而上层面对这一问题的研究具有较强的指导意义。

（五）生态学研究尺度与整体论或还原论是否存在直接关系？

对生态学能否运用还原论这一点产生的质疑部分来自尺度方面的考虑，即作为大尺度学科的生态学能否运用还原论来指导研究？但是这里的尺度仅仅是指生态学研究对象的尺度，除此之外，研究或观察、测量的尺度被忽略。实际研究中，生态学家不仅要考虑研究对象的尺度，还要考虑研究者的操作尺度即研究尺度。这种研究尺度往往是科学技术水平发展的直接体现。就目前而言，生态学中的部分子学科，例如生态系统生态学、景观生态学等研究需要整体论的指导，但问题是生态系统和景观等研究对象仍缺乏相应尺度的研究方法和技术。因此，就目前人类的研究尺度而言，这些宏观尺度学科的研究仍然需要还原论的指导。通过运用还原论策略，将宏观尺度的现象分解为部分要素进行研究，这种研究具有更强的有效性。当然，如果技术一旦得到突破，人类拥有与对象尺度相匹配的技术水平，那么整体论将对整个学科的发展将起到较强的指导意义。

参考文献

一　中文文献

董国安、吕国辉：《生物学自主性与广义还原》，《自然辩证法研究》1996 年第 3 期。

董国安：《理论还原：〈一个被打破的神话〉》，《自然辩证法通讯》1999 年第 1 期。

葛永林：《生态系统本体论的追问》，《自然辩证法研究》2011 年第 4 期。

桂起权、傅静等：《生物科学的哲学》，四川教育出版社 2003 年版。

韩博平：《生态自平衡理论研究中的整体论与还原论评析》，《科学技术与辩证法》1994 年第 11 期。

洪谦：《论逻辑经验主义》，商务印书馆 1999 年版。

胡志刚、邹成效：《论奥德姆的生态哲学思想》，《自然辩证法研究》2011 年第 1 期。

蒋柯、熊哲宏：《从因果性到空间关系》，《自然辩证法研究》2007 年第 2 期。

江天骥：《逻辑经验主义的认识论》，武汉大学出版社 2009 年版。

李大强：《寻找同一条河流——同一性问题的三个层次》，《社会科学辑刊》2010 年第 2 期。

李际：《生态学研究中的还原论》，博士学位论文，中国科学院研究生院，2012 年。

李际：《还原论对生态学研究的当代影响》，《自然辩证法研究》2012 年第 3 期。

刘明海：《还原论研究》，博士学位论文，华中科技大学，2008 年。

大卫·福特：《生态学研究的科学方法》，肖显静等译，中国环境科学出版社 2012 年版。

卡尔·G. 亨普尔：《自然科学的哲学》，张华夏译，中国人民大学出版社 2006 年版。

梅：《理论生态学》，陶毅等译，高等教育出版社 2010 年版。

牛翠娟、孙儒泳等：《基础生态学》，高等教育出版社 2007 年版。

沈健：《量子测量的还原困惑及其消解》，《自然辩证法通讯》2007 年第 2 期。

斯蒂芬·罗斯曼：《还原论的局限》，李创同等译，上海译文出版社 2006 年版。

恩斯特·迈尔：《生物学哲学》，涂长晟译，辽宁教育出版社 1992 年版。

王巍：《"还原"概念的哲学分析》，《自然辩证法研究》2011 年第 2 期。

王巍、张明君：《"如何可能"与"为何必然"——对罗森伯格的达尔文式还原论评析》，《自然辩证法研究》2015 年第 8 期。

邬建国：《景观生态学——格局、过程、尺度与等级》，高等教育出版社 2007 年版。

喻佑斌：《理论还原问题：生物学还原的分析研究》，《自然辩证法研究》1998 年第 4 期。

张华夏：《科学规律和科学解释》，《自然辩证法研究》1985 年第 1 期。

张华夏：《兼容与超越还原论的研究纲领——理清近年来有关还原论的哲学争论》，《哲学研究》2005 年第 7 期。

张彤、蔡永立:《生态学研究中的尺度问题》,《生态科学》2004
　　年第 23 期。

张炜平:《植物正相互作用对种群动态和群落结构的影响》,《植
　　物生态学报》2013 年第 1 期。

张志林:《因果律、自然律与自然科学》,《哲学研究》1996 年第
　　9 期。

二　英文文献

Ayala F. , "Introduction", in F. Ayala and T. Dobzhansky, eds. *Stud-
　　ies in the Philosophy of the Biology*: *Reduction and Related Prob-
　　lems*, Berkeley: University of California Press, 1974.

Bergandi D. , "'Reductionist Holism': an Oxymoron or a Philosophi-
　　cal Chimaera of EP Odum's Systems Ecology?" *Ludus Vitalis*,
　　Vol. 3, No. 5, 1995.

Bergandi D. and Blandin P. , "Holism vs. Reductionism: Do Ecosys-
　　tem Ecology and Landscape Ecology Clarify the Debate?" *ActaBio-
　　theoretica*, Vol. 46, No. 3, 1998.

Brigandt, Ingo and Love, Alan, "Reductionism in Biology", *The
　　Stanford Encyclopedia of Philosophy* (Spring 2017 Edition),
　　Edward N. Zalta (ed.), https://plato. stanford. edu/archives/
　　spr2017/entries/reduction-biology/.

Cartwright N. and Shomar T. , "The tool box of science: Tools for the
　　Building of Models with a Superconductivity Example", *Poznan
　　Studies in the Philosophy of the Sciences and the Humanities*,
　　Vol. 44, 1995.

Causey R. L. , *Unity of Science*, Dordrecht: Springer Netherlands,
　　1977.

Daniel Simberloff, "A Succession of Paradigms in Ecology", in David

R. Keller, ed. *The Background of Ecology*, Athens and London: The University of Georgia Press, 1985.

Feibleman J. K., "Theory of Integrative Levels", *The British Journal for the Philosophy of Science*, Vol. 5, No. 17, 1954.

Gleason H. A., "The Individualistic Concept of the Plant Association", in David R. Keller, ed. *The Background of Ecology*, Athens and London: The University of Georgia Press, 1985.

J. Mchaughton S., "Diversity and Stability of Ecological Communities: A Comment on the Role of Empiricism in Ecology", *American Naturalist*, Vol. 56, 1977.

John Dupre, *The Disorder of Things: Metaphysical Foundations of the Disunity of Science*, Boston: Harvard University Press, 1993.

Kim J., "The Myth of Nonreductive Materialism", *Contemporary Materialism*, Vol. 63, No. 3, 1989.

Kitcher P., "1953 and All that. A tale of Two Sciences", *The Philosophical Review*, Vol. 93, No. 3, 1974.

Kitcher P., "Explanation, Conjunction, and Unification", *Journal of Philosophy*, Vol. 73, No. 8, 1976.

K. S. Shrader-Frechette, "Theory Reduction and Explanation in Ecology", *Oikos*, Vol. 58, 1990.

Loehle C., "Philosophical Tools: Potential Contributions to Ecology", *Oikos*, Vol. 51, 1988.

Looijen R. C., *Holism and Reductionism in Biology and Ecology*, Dordrecht: Kluwer Academic Publisher, 2000.

L. Pimm S., "The Complexity and Stability of Ecosystems", *Nature*, Vol. 307, 1984.

May R. M., "Will a Large Complex System be Stable?" *Nature*, Vol. 238, 1972.

Murray B. G., "Universal Laws and Predictive Theory in Ecology and

Evolution", *Oikos*, Vol. 89, No. 2, 2000.

Nagel E., *The Structure of Science*, Indianapolis: Hackett Publishing Company, 1979.

Nickles T., "Two Concepts of Intertheoretic Reduction", *Journal of Philosophy*, Vol. 70, 1973.

Odum E. P., "The Emergence of Ecology as a New Integrative Discipline", *Science*, Vol. 195, 1977.

Oppenheim and Putnam, "Unity of Science As a Working Hypothesis", in Scriven G. Maxell, ed. *Minnesota Studies in the Philosophy of Science*, Vol. Ⅱ, Minneapolis: University of Minnesota Press, 1958.

Pablo Inchausti, "Reductionist Approaches in Community Ecology", *The American Naturalist*, Vol. 143, 1994.

Patrick W. Flanagan, "Holism and Reductionism in Microbial Ecology", *Oikos*, Vol. 53, 1988.

Putnam H., "Explanation and reference", in Sellars W, ed. *Conceptual change*, Dordrecht: Springer Netherlands, 1973.

Redfield G. Wiegert, "Holism and Reductionism in Community Ecology", *Oikos*, Vol. 53, 1988.

Richard G. Wiegert, "Holism and Reductionism in Ecology: Hypotheses, Scale and Systems Models", *Oikos*, Vol. 53, 1988.

Saarinen E., ed., *Conceptual Issues in Ecology*, Dordrecht: Springer Netherlands, 1982.

Sarkar S., *Molecular Models of Life: Philosophical Papers on Molecular Biology*, Cambridge: MIT Press, 2005.

Salmon W. C., "Statistical Explanation and Statistical Relevance", in Fetzer and James H, eds. *Scientific Knowledge*, Dordrecht: Springer Netherlands, 1981.

Salmon W. C., "Scientific Explanation: Causation and Unification",

Critica: *Revista Hispanoamericana de Filosofia*, Vol. 22, No. 66, 1990.

Schaffner K. , "Approaches to Reduction", *Philosophy of Science*, Vol. 34, No. 2, 1967.

Schoener T. W. , "Mechanistic Approaches to Community Ecology: a New Reductionism?" *Am. Zool*, Vol. 26, 1986.

Tilman D. , "Biodiversity: Population versus Ecosystem Stability", *Ecology*, Vol. 77, No. 2, 1996.

Waters C. K. , Beyond Theoretical Reduction and Layer-Cake Antireduction: How DNA Retooled Genetics and transformed Biological Practice, in M. Ruse. ed. , *The Oxford Handbook of Philosophy of Biology*, New York: Oxford University Press, 2008.

William Z. Lidicker, "The Synergistic Effects of Reductionist and Holistic Approaches in Animal Ecology", *Oikos*, Vol. 53, 1988.

Wilson D. S. , "Holism and Reductionism in Evolutionary Ecology", *Oikos*, Vol. 53, 1988.

Wimsatt W. , "Reductive Explanation: a Functional Account", *Philosophy of Science*, Vol. 70, 1974.

Wu Jianguo, "Hierarchy and Scaling: Extrapolating Information along a Scaling Ladder", *Canadian Journal of Remote Sensing*, Vol. 25, No. 4, 1999.

后　记

本书是在我博士论文的基础上修改完善而成的，并得到……项目的资助。

首先感谢我的博士生导师肖显静教授，他以严谨著称。仍记得编写《生态哲学读本》之时，对于我所负责的部分，肖老师几十遍字斟句酌、满是字迹的校订稿。对于当时的我而言，既难以理解，也难以适应。数年之后，我才发现那近似严苛的写作训练，难以累计的无情批判，竟使我打下了最扎实的学术基本功。同样成为了老师的我，俨然以同样的标准要求着我的学生，且有过之而无不及，这不能不说是学术遗传的结果。肖老师一方面高度认真负责，另一方面他又真实、可爱且豁达，不仅容我多次与他激烈交锋，但在许多时候又给予我很多重大支持。本书对"强、弱"还原，以及"激进、温和"还原的研究思路直接来自于他。对此，我深觉幸运与感激。

本书成稿之余，却又引起一些其他的问题，使我不禁困惑。作为科学哲学研究者，我似乎难以把握科学哲学研究的意义所在。自然科学正在飞速发展，科学哲学的研究似乎已经远远滞后于这种发展了，那么科学哲学研究的意义又何在呢？为了"指导自然科学的研究"吗？能够指导吗？科学迅猛发展，且科学家对相关问题也并非没有思考。对科学哲学的研究而言，准确理解自然科学的概念体系已经是一件非常难的事情，这涉及不同学科的范式问题。那么，在这种语言造成的困境下，如何理解日新月异的"科学"问题，如何赶上科学的脚步，甚至走到科学的前面就显得更为不易。但如果后退一步，则不免又陷入"哲学的游戏"，而丢失了"科学的意义"。于我，这是认识和方法上的双重迷茫。如果因此影响了本书的写作，希望得到同人的批评，能为我指点迷津。

此书的部分研究曾在不同场合得到了肖显静、尚智丛、李建会、成素梅、任定成、孟建伟、胡志强、吴彤、张增一、段伟文、董国安、葛永林、谈新敏、刘高岑、郑慧子、包庆德、叶平、金俊岐、安道玉、刘科等各位教授不同形式的指教，得到了李际、林祥磊、毕丞、张永超、王不凡等学友同人的启发，在此一并表示衷心感谢！

本书的出版，得到郑州大学马克思主义学院各位同人的支持帮助，在此表示衷心感谢。

本书的部分章节在《自然辩证法研究》等刊物发表，在此向这些刊物及责任编辑表示诚挚谢意。

最后，感谢中国社会科学出版社工作人员的支持和辛勤付出。

王翠平

2017 年 3 月 25 日